一学就会的 114种中点

黎国雄 主编

江苏凤凰科学技术出版社

图书在版编目（CIP）数据

一学就会的114种中点 / 黎国雄主编 . -- 南京：江苏凤凰科学技术出版社，2015.7（2019.11 重印）
（食在好吃系列）
ISBN 978-7-5537-4515-2

Ⅰ . ①一… Ⅱ . ①黎… Ⅲ . ①糕点－制作－中国
Ⅳ . ① TS213.2

中国版本图书馆 CIP 数据核字 (2015) 第 096566 号

一学就会的114种中点

主　　编　黎国雄
责任编辑　葛　昀
责任监制　方　晨

出版发行　江苏凤凰科学技术出版社
出版社地址　南京市湖南路 1 号 A 楼，邮编：210009
出版社网址　http://www.pspress.cn
印　　刷　天津旭丰源印刷有限公司

开　　本　718mm × 1000mm　1/16
印　　张　10
插　　页　4
版　　次　2015年7月第1版
印　　次　2019年11月第2次印刷

标准书号　ISBN 978-7-5537-4515-2
定　　价　29.80元

轻松快乐做中点

在“吃货”盛行的当代社会，点心已经成了广受大家欢迎的经典美食，不管是街头小巷，还是高档咖啡屋，都弥漫着点心的浓浓香味，吸引着人们蠢蠢欲动的味蕾。在忙碌的工作之余，有没有想过换一种方式让自己的生活丰富起来？在摆满刮刀、黄油、砂糖的厨房中做自己喜欢的点心，也许是个不错的选择。

中国文化博大精深，中式美食亦是如此。中式点心的历史非常悠久，其品种丰富、工艺精湛，还与食疗紧密结合，突出养生的特点。相比西式点心的小巧精致、以甜味为主的特点，中式点心突出的是它的厚重感和味道的层次感。

点心主要是以粮、糖、蛋等为材料，经过细心调制、精心造型、巧心烹制而成的色香味俱全的食物，与其说点心是食物，还不如说它们是一件件工艺品。中式点心还与中国的传统工艺相结合，质朴中带有明显的民族气息。中式点心用料、制作的精致，味道的可口和营养的丰富，加上技术不断改进完善，使其现今越来越受到人们的追捧。

在充斥着快餐或各种聚会大餐的年代里，让我们抽身回归到最初的宁静，去感受中式点心所带来的诱惑。那些美妙的味道是我们童年的印记，它们带给我们的不仅仅是美味，还有回忆和感动。

中式点心的造型千变万化，口味甜咸皆备、荤素俱全，且具有各地的独特风味。本书介绍了 114 道易上手的中点，分为初级入门、中级入门、高级入门三部分，都是大家耳熟能详，吃过却可能不会做的点心。每道中点在选料、分量搭配、造型、烘烤蒸制等方面都做了详细的指导，并配有详细的分解步骤图，配方完整大公开，在充满乐趣的氛围中还能满足自己的味蕾。全书图文并茂，简单易学，初学者可根据难易程度，由浅入深地进行学习。不管你是喜爱 DIY 的点心爱好者还是专业人士，本书都能满足您的需求。

目录 Contents

中点制作基础知识

PART 1 初级入门篇

PART 2
中级入门篇

PART 3
高级入门篇

中点制作基础知识

制作中点必备小工具

制作中式点心怎么能少得了工具呢？工具可谓是制作中式点心的关键，通过这些小小的工具，我们就能灵活地运用材料做出变化多样的点心。作为初学者，你可能对于制作中式点心所需要的工具还不太了解，对其基本功能也知之甚少。为此，我们特地介绍一下制作中点的常用工具及其功能。

1. 电磁炉

电磁炉是利用电磁感应加热原理制成的电气烹饪器具。电磁炉没有烟熏火燎的现象，很好清理。同时，电磁炉不像煤气那样易产生泄漏，也不产生明火，不会成为事故的诱因。此外，它本身还设有多重安全防护措施，包括炉体倾斜断电、超时断电以及过流、过压、欠压保护和使用不当自动停机等功能。即使有时候汤汁外溢，也不存在熄火跑气的危险。在蒸煮点心的时候，只要我们设定好时间，就可以放心地蒸煮了，完全不用担心蒸煮时间不足或过长等状况出现，相当省心、好用。

2. 刮板

刮板是用胶质材料或木头做成的，一般用来搅拌面糊等液态材料，因为它本身比较柔软，所以也可以把粘在器具上的材料刮干净。还有一种耐高温的橡皮刮刀，可以用来搅拌热的液态材料。用橡皮刮刀搅拌加入面粉的材料时，注意不要用力过度，也不要用划圈的方式搅拌面糊，而是要用切拌的方法，以免面粉出筋。

3. 电子秤

电子秤是用来对点心材料进行称重的设备，通过传感器的电力转换，经称重仪表处理来完成对物体的计量。在制作点心的过程中，电子秤相当重要，只有称出合适分量的各种材料，才有可能做出一个完美的点心。所以在选择电子秤的时候，要注意选择灵敏度高的。

4. 蒸笼

制作中式点心，不免要用到蒸笼。蒸笼的大小随家庭的需要而定，有竹编、木制、铝制及不锈钢制等材质，又可分为圆、方两种形态，还可分大、中、小多种型号，其中以竹编的和铝制的最常见。传统的竹编蒸笼，水蒸气能适当地蒸发，不易积水汽、不易滴水，但清洗时较不方便，且需晒干后才能收藏。蒸笼的使用方法：先将底锅或垫锅盛半锅水，烧开，再将装有点心的蒸笼放入，以大火蒸之，中途如需加水应加热水，才不致影响点心的品质，可重叠多层同时使用。

5. 擀面杖

擀面用的木棍儿，是一种很古老的用来压制面条的工具，一直流传至今。擀面杖多为木制，用来捻压面饼，直至压薄，是制作面条、饺子皮、面饼等不可缺少的工具。最好选择木质结实、表面光滑的擀面杖，具体尺寸可依据平时材料的用量来决定。

中点的制作特点

中式点心种类多样又味美，在制作上主要有以下两个特点。

1. 选料精细，花样繁多

中点的选料相当精细，只有将原料选择好了，才能制出高质量的点心。同时中式点心花样繁多，具体表现在以下几个方面：

⑴ 因不同馅心而形成品种多样化。如鲜肉包、菜肉包、豆沙包、水晶包等。

⑵ 因不同用料而形成品种多样化。如麦类制品中有面条、蒸饺、锅贴、馒头等。

⑶ 因不同成形方法而形成品种多样化。如包法可形成小花包、烧卖等，捏法可形成鸳鸯饺、四喜饺等。

2. 讲究馅心，注重口味

馅心的好坏对成品的色、香、味、形、质有很大的影响。讲究馅心，具体体现在以下几个方面：

⑴ 馅心用料非常广泛。馅料有肉、鱼、蔬菜、虾、果品、蛋、乳等，种类丰富多样。

⑵ 精选用料，精心制作。馅心的原料一般都选择品质最好的部位。

⑶ 成形技法多样，造型美观。中式点心通过各种技法可形成各种各样的形态和造型，美观逼真。

怎样做好饼类中点

中式点心中的饼，是我们经常会吃到的，它香酥可口，但制作起来却不太容易。制饼的方法很多，如烤饼、烙饼、煎饼、炸饼等，无论采取哪种方法做饼，都需要注意以下几个制作要点。

1. 选择合适的面粉

面粉是制饼最重要的原料，不同的面粉适合制作不同口味的饼。市面上销售的面粉主要有高筋面粉、中筋面粉、低筋面粉等。

(1) 低筋面粉。低筋面粉筋度与黏度非常低，蛋白质含量也是所有面粉中最低的，占6.5%~9.5%，可用于制作口感松软的各式锅饼、牛舌饼等。

(2) 中筋面粉。中筋面粉筋度及黏度适中，使用范围比较广，含有9.5%~11.5%的蛋白质，可用于制作烧饼、糖饼等软中带韧的饼。

(3) 高筋面粉。高筋面粉筋度比较大，黏性很强，蛋白质含量在三种面粉中最高，占11.5%~14%，适合用来做松饼、奶油饼等有嚼劲的饼。

2. 揉制面团要注意细节

想做出好吃的饼，细节也是很重要的，只有细心去做，才能做得美味。以下这三点细节需要注意：

(1) 面粉要过筛，最好选用最细的筛子。情况允许的条件下，可以对面粉进行多次过筛，以便空气可以进入面粉中，这样做出来的饼才会松软有弹性。

(2) 搅拌面粉时最好轻轻拌匀，不可太过用力，以免将面粉的筋度越拌越高。

(3) 将面粉揉成团的过程中，千万不要一次把水全部倒进去，而是要分数次加入，这样揉出来的面团才会既有弹性，又能保持湿度。备用时，可以先用保鲜膜把揉好的面团包裹起来，否则面团长时间曝露在空气中，表皮水分蒸发后就会变干。

3. 制作面团时要加入油脂

在揉面团时添加油脂是为了提高饼的柔软度和保存时间，并可以防止饼干燥。另外，适量油脂也可帮助面团或面糊在搅拌及发酵时，保持良好的延展性，还可让饼的味道香浓。但过多的油脂会阻碍面团的发酵与蓬松度，所以一定要按比例添加。

4. 掌握好火候

制饼的方法很多，但无论是烤、烙、煎、蒸、炸都需要掌握一个关键的技巧——火候。所谓“火候”，就是在烹调操作过程中所用的火力大小和时间长短，需要根据不同原料的特性和制法来灵活调节。

火不宜太大，烙制馅饼时如果火太大，馅心受热急速膨胀，容易造成外皮破裂。另外，在制作油酥类的点心时，还要注意油皮应该要够柔软且比油酥大，整型时则要捏紧，否则油皮太硬，弹性不足，会容易破裂。注意烤制的过程中不能打开来看，否则就会漏气，使点心出现塌陷的情况，达不到预期的效果。

点心成型法

成型就是将调制好的面团制成各种不同形状的点心半成品。成型后再经制熟才能称为点心制品。成型是点心制作中技艺性较强的一道工序，成型的好坏将直接影响到点心制品的外观形态。点心制品的花色很多，成型的方法也多种多样，大体可分为擀、按、卷、包、切、摊、捏、镶嵌、叠、模具成型等诸多手法。

1. 擀

点心制品在成型前大多要经过“擀”这一基本技术工序，擀也可以作为制作饼类制品的直接手法。中式点心中的饼类在成型时并不复杂，只需要用擀面杖擀制成规定的要求即可。在制饼时，首先将面剂按扁，再用擀面杖擀成大片，刷油、撒盐；然后再重叠卷成筒形，封住剂口；最后擀成所需要的形状。

2. 按

“按”就是将制品生坯用手按扁压圆的一种成型方法。按又分为两种：一种是用手掌根部按；另一种是用手指按（将食指、中指和无名指三指并拢）。这种成型方法多用于形体较小的包馅饼种，如馅饼、烧饼等，包好馅后，用手一按即成。按的方法比较简单，比擀的效率高，但要求制品外形平整而圆、大小合适、馅心分布均匀、不破皮、不露馅、手法轻巧等。

3. 卷

“卷”是点心成型的一种常见方法。卷可分为两种：一种是从两头向中间卷，然后切剂，这种卷为双螺旋式，我们称之为“双卷”，可用于制作鸳鸯卷、蝴蝶卷、四喜卷、如意卷等；另一种是从一头一直向另一头卷起成圆筒状，这种卷可称之为“单卷”，适用于制作蛋卷、普通花卷等。无论是单卷还是双卷，在卷之前都是事先将面团擀成大薄片，然后刷油（起分层作用）、撒盐、铺馅，最后再按制品的不同要求卷起。卷好后的筒状较粗，一般要根据品种的要求，将剂条搓细，然后再用刀切成面剂，即可使用。

4. 包

“包”就是将馅心包入坯皮内，使制品成型的一种手法。包的方法很多，一般可分为无缝包、卷边包、捏边包和提褶包等。

5. 切

“切”多用于北方的面条（刀切面）和南方的点心。北方的面条是先擀成大薄片，再叠起，然后切成条形；南方的点心往往是先制熟，待出炉稍冷却后，再切制成型。切可分为手工切和机械切两种。手工切可用于小批量生产，如小刀面、伊府面、过桥面等；机械切适用于大批量生产，特点是劳动强度小、速度快。但是，其制品的韧性和嚼劲远不如手工切。

6. 摊

“摊”是用较稀的水调面在烧热的铁锅上平摊成型的一种方法。摊的要点是：将稀软的水调面用力搅打上劲。摊时火候要适中，平锅要洁净，每摊完一张要刷一次油。摊的速度要快，要摊匀、摊圆，保证大小一致，不出现砂眼、破洞等状况。

制作包子的 9 个小窍门

包子的品种可谓各式各样，有小笼包、叉烧包、豆沙包等。但无论是哪种包子，制作的方法都差不多，只要和好面，包入调制好的馅料，掌握蒸煮的火候，就可以做出美味的包子了。下面，我们来看看制作包子的一些小窍门。

1. 用牛奶和面

用牛奶和面其实比用清水效果要好，面皮会更有弹性，而且营养更胜一筹。要注意根据实际情况，调节牛奶和清水的比例，一般情况下，牛奶和清水的比例以 7:3 为最好。

2. 在面里加点油

尤其是包肉包子，最好在和面的时候加一点油，就可以避免在蒸制的过程中，包子出现油水浸出，让面皮部分发死、甚至整个面皮皱皱巴巴的情况。最好是加猪油，也可以改用植物油。

3. 擀皮有讲究

包子皮跟饺子皮相同的一点是，要擀均匀，中间略厚，周边略薄。如果皮的厚度一样，包子的收口处面团就会过多，会影响口感。

4. 软硬有说法

做包子的面的软硬程度可以根据馅料的不同进行调整。如果馅料比较干，面皮可以和软一些，这样吃起来口感会很松软。如果馅料是易出水的，那就和得略硬一些，包好后，让它多醒发一会儿。

5. 厚薄讲分寸

包子皮跟饺子皮不一样，不需要擀得特别薄，否则薄薄的一小层，面醒发得再好，也不会有松软的口感。包子皮要有厚度感，这样配合着馅料，吃的时候才会鲜嫩多汁。

6. 用力要均匀

包包子的时候，用力要均匀，尽量让包子周边的面皮都厚薄均匀，不要因为面的弹性好就使劲拉着捏褶，这样会让包子皮此厚彼薄，油会把薄的那边浸透，从而影响包子的品相。更不要把包子顶部捏出一个大疙瘩来，这样会非常影响口感。

7. 快速发酵有窍门

用酵母和面，不需要再加碱或者小苏打。如果时间比较紧，或者天气比较寒冷，不妨多加一些酵母，可以起到快速发酵的效果，且不会发酸。

8. 二次醒发不能落

一定要有二次醒发的过程，而且一定要醒好了再上屉。醒发好的包子，掂在手里会有轻盈的感觉，而不是沉甸甸的一团。如果没有时间等它二次醒发好，那一定要开小火，留出让面皮慢慢升温、二次醒发的时间，等上汽了，再改成大火。

9. 上屉用冷水

在开火后，面还有一个随着温度上升而继续醒发的过程，可以让包子受热均匀，容易蒸熟，还能弥补面团发酵的不足。所以最好选择冷水上屉大火蒸。

PART 1

初级入门篇

中式点心的制作过程看起来挺复杂，或许让爱吃点心的您产生了颇多顾虑。其实大可不必担心，只要您按照本书的指导，掌握好制作工艺的各种要领，您就会惊喜地发现，原来中点制作是如此轻松简单而又乐趣无穷。

豆沙酥饺

材料

水皮：中筋面粉 250 克，清水 100 毫升，猪油 70 克，砂糖 40 克，全蛋液 50 克

油心：猪油 65 克，低筋面粉 130 克

其他：豆沙、全蛋液、芝麻各适量

做法

❶水皮部分的中筋面粉过筛开窝，中间加入砂糖、猪油、全蛋液、清水。

❷拌匀至糖溶化，再将面粉拌入中间，搓至面团纯滑。

❸用保鲜膜将面团包起，稍作松弛备用。

❹油心部分的材料混合搓匀备用。

❺将水皮、油心按3:2比例，分切成小面团。

❻用水皮包入油心擀薄，卷起成条，折三折再擀成薄片酥皮状。

❼用酥皮包入豆沙，将口收捏成角形，排入烤盘。

❽扫上全蛋液，撒上芝麻，以上火180℃、下火150℃烤15分钟，呈金黄色即可。

制作指导

把油心压扁，再放在水皮上，包起来时要压紧封口。

可可花生果

材料

澄面 250 克，淀粉 75 克，猪油 50 克，清水 250 毫升，可可粉 10 克，豆沙、砂糖各适量

做法

❶ 将清水、砂糖加热煮开，加入可可粉、淀粉、澄面。

❷ 澄面烫熟后，取出倒在案板上，加入猪油拌匀。

❸ 搓至面团纯滑。

❹ 将面团分切成每份约30克，将豆沙分成每份约15克。

❺ 将面团压薄，包入豆沙馅。

❻ 将馅料包紧，捏紧包口。

❼ 在中间轻捏成细腰。

❽ 用车轮刀压出花绞。

❾ 再用车轮刀轧成花生果形。

❿ 入蒸笼以大火蒸约8分钟至熟即可。

制作指导

用车轮刀压花绞时，要控制好力度，否则容易走形。一定要等糖水完全煮开后再加入澄面，以确保澄面全部烫熟。可可粉可以根据个人喜好适量添加，添加越多味道越苦。

三色水晶球

材料

皮： 澄面 100 克，淀粉 400 克，清水 550 毫升，砂糖少许

馅： 豆沙馅、莲蓉馅、奶黄馅各 100 克

制作指导

澄面一定要烫熟，每个分切的面团包馅前一定要柔软，面皮厚薄要均匀，这样蒸出来的点心才会色彩分明。

做法

❶将皮部分的清水、砂糖倒入盘中加热至煮开，加入澄面、淀粉拌匀。

❷取出面团，倒在案板上。

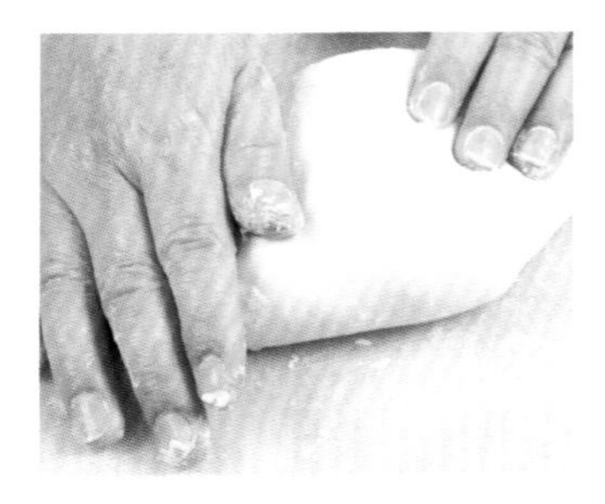

❸搓至面团纯滑。

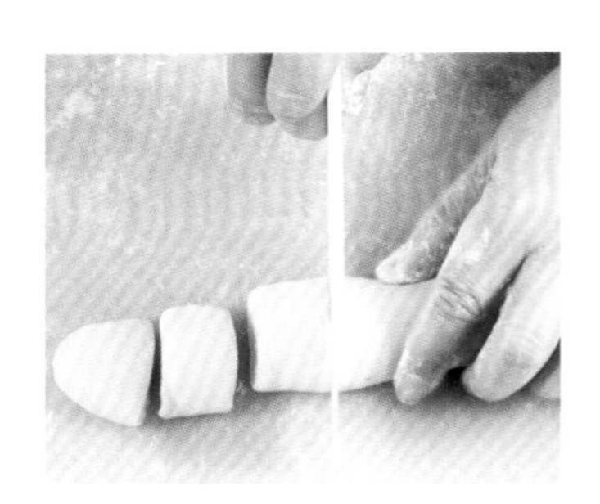

❹切成每份约30克的面团。

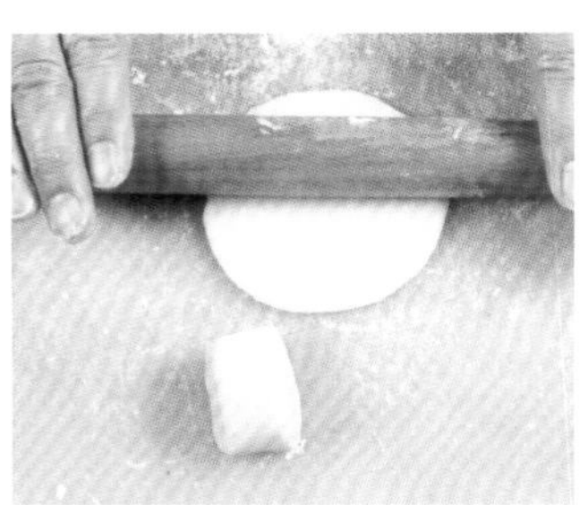

❺将面团压薄。

❻用薄皮分别包入三种不同的馅料。

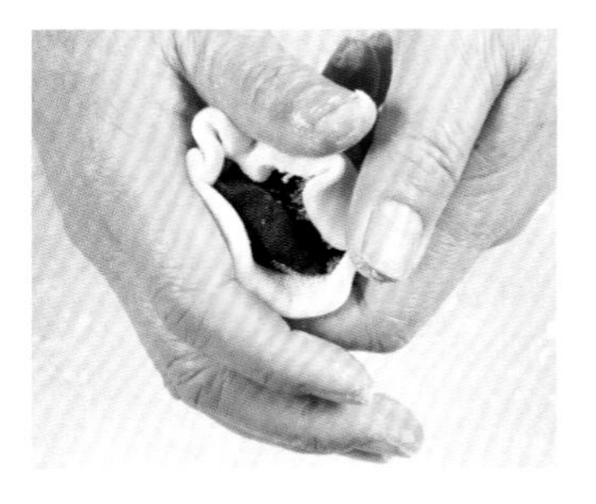

❼将口收紧成球状。

❽将分别包入不同馅料的球坯排于蒸笼内，用大火蒸约8分钟至熟即可。

笑口酥

材料

酥油 38 克，全蛋液 150 克，泡打粉 11 克，高筋面粉 75 克，低筋面粉 340 克，淡奶 38 毫升，糖粉 150 克，白芝麻适量

制作指导

面团揉好后要趁着还有黏性时尽快粘上芝麻，也可以在面团上扫少许水，再粘芝麻。

做法

❶ 把酥油与过筛的糖粉混合，搓匀。

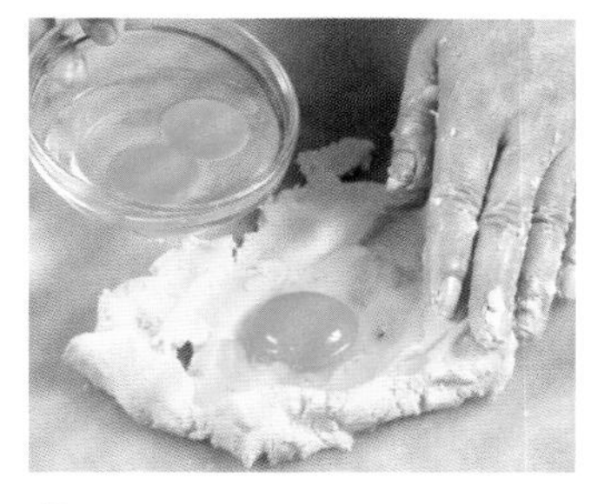

❷ 再加入全蛋液、淡奶，搓匀。

❸ 然后慢慢加入过筛的泡打粉、高筋面粉、低筋面粉，搓匀。

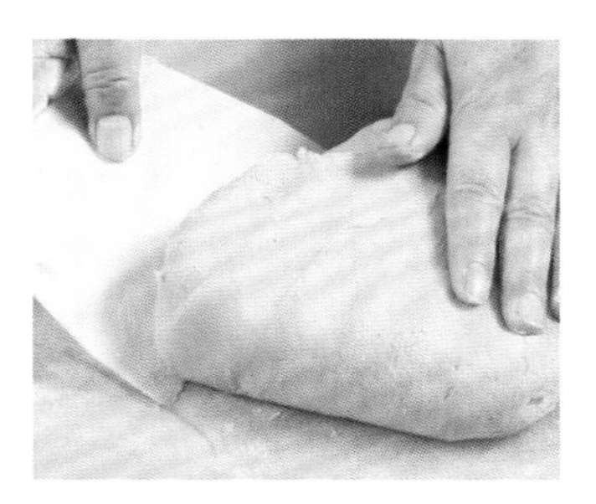

❹ 搓揉至面团纯滑。

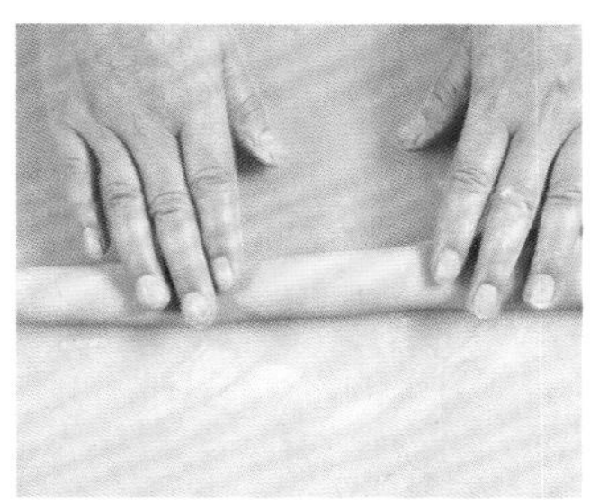

❺ 再搓成长条状。

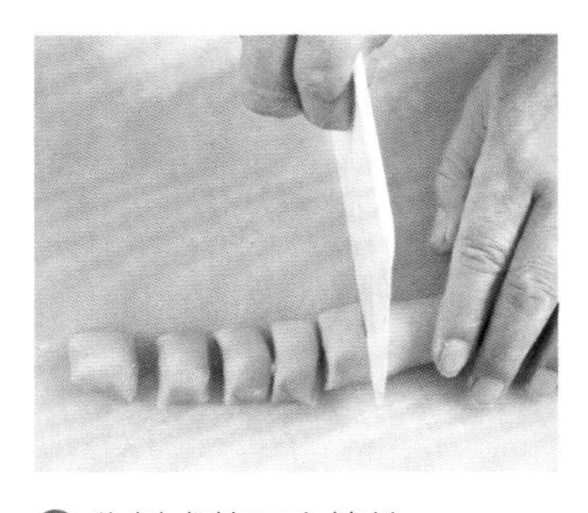

❻ 分割成若干小等份。

❼ 搓圆后，将面团放入盛有芝麻的碗中。

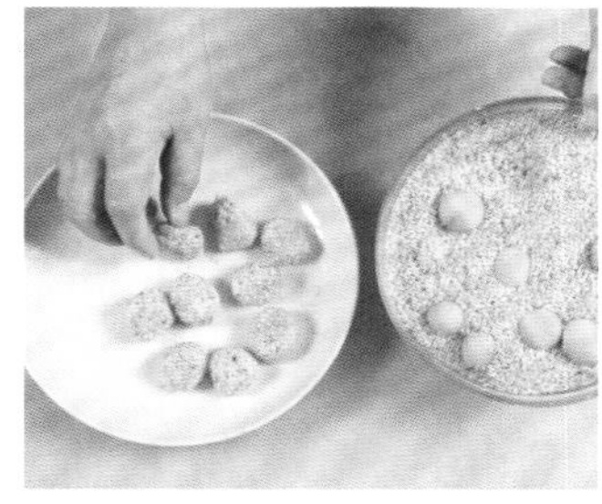

❽ 待面团粘满芝麻，取出静置，放入油温约为160℃的油锅中炸成金黄色即可。

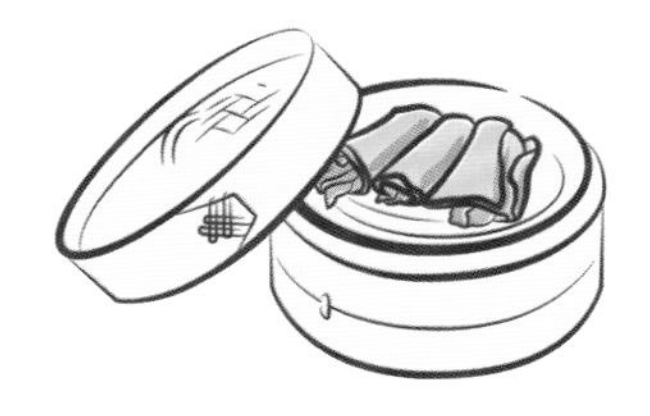

棉花杯

材料

低筋面粉 250 克，澄面 50 克，猪油 35 克，清水 150 毫升，泡打粉 15 克，砂糖 120 克，白醋 13 毫升

做法

❶砂糖、清水混合，拌匀至糖完全溶化。
❷加入白醋拌匀。
❸加入低筋面粉、澄面，拌至透彻。
❹加入猪油，拌至均匀。
❺直至面糊纯滑。
❻将面糊装入裱花袋。
❼将锡纸模排入蒸笼内。
❽将面糊挤入模内至八分满，稍作静置后，用大火蒸约6分钟至熟即可。

制作指导

加入材料时，要一边加一边搅拌，直到搅拌成黏稠可以流动的面糊为宜，这样装入裱花袋挤面糊时，才不会有颗粒，面糊会比较顺畅。

黑糯米盏

材料

黑糯米250克，植物油20毫升，清水200毫升，红樱桃适量，砂糖100克

做法

❶ 黑糯米洗净，与清水一同用碗盛起，放入蒸笼蒸20分钟。

❷ 取出黑糯米，加入砂糖拌匀。

❸ 然后加入油。

❹ 拌至完全混合有黏性。

❺ 然后搓成米团状。

❻ 放入圆形锡纸模内。

❼ 摆放于碟中。

❽ 用红樱桃装饰即可。

制作指导

蒸熟的糯米会黏手，如果没有手套，搓团前可以在手上蘸点凉开水，就不会黏手了。

潮州粉果

材料

皮： 澄面350克，淀粉150克，清水550毫升

馅： 花生100克，猪肉200克，韭菜100克，白萝卜20克，盐4克，鸡精适量，香油、淀粉各少许

做法

❶ 锅中加清水煮开，加入淀粉、澄面，待澄面烫熟后，倒在案板上搓匀至面团纯滑。

❷ 将面团分切成每份约30克，压成薄片。

❸ 馅料部分的材料洗净切碎后，与调料一起拌匀成馅料；用薄皮将馅料包入。

❹ 将收口捏紧成形，均匀排入蒸笼内，然后用大火蒸约6分钟至熟即可。

制作指导

烫熟的面粉倒在案板上时要趁热搓匀，这样搓出来的面团更纯滑。

七彩风车饺

材料

皮： 澄面350克，淀粉150克，清水600毫升

馅： 砂糖8克，菠菜碎350克，盐、鸡精、胡椒粉、彩椒各适量，鲜虾仁末150克

制作指导

烫面时，要保证水温足够高；加入淀粉和澄面时，要边加边搅拌，这样烫出来的面才会均匀熟透。

做法

❶皮部分的清水加热煮开，加入淀粉、澄面。

❷烫熟后，取出面团倒在案板上。

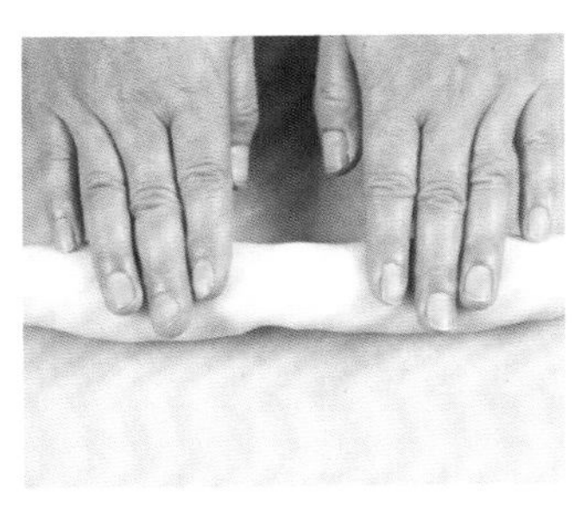

❸然后搓至面团纯滑，再搓成长条形。

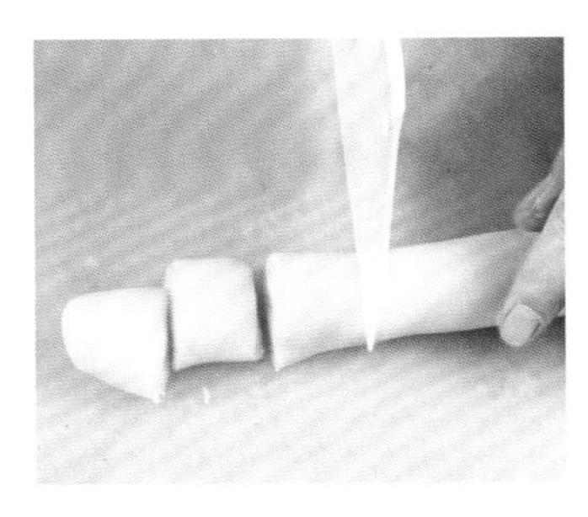

❹分切成每份约30克的小面团。

❺将面团擀压薄后，折起成三角状备用。

❻馅料部分的鲜虾仁末、菠菜碎与盐、鸡精、砂糖、胡椒粉混合，拌匀成馅料。

❼将薄皮折口反转，然后包入馅料。

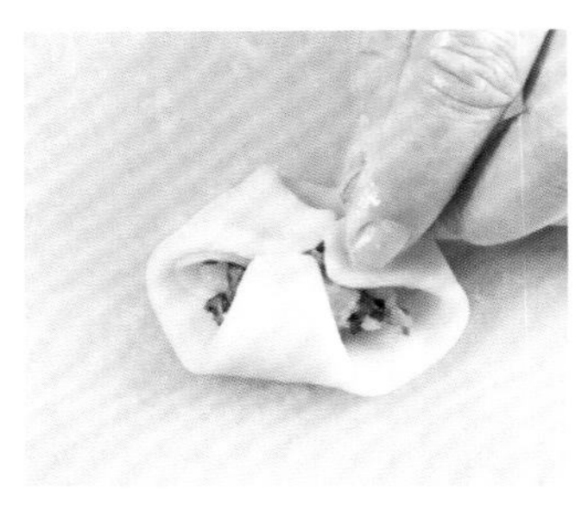

❽然后将角包起成型。

❾排入蒸笼，用彩椒作装饰，用大火蒸约6分钟至熟即可。

八宝袋

材料

皮：澄面250克，淀粉75克，清水350毫升

馅：猪肉碎125克，盐5克，胡萝卜碎20克，鸡精8克，韭菜50克，马蹄肉碎10克，砂糖9克，蟹黄或熟蛋黄粒适量

制作指导

一定要等清水煮开后，再倒入淀粉和澄面，这样澄面才更易烫熟。倒在案板上时，由于面的温度较高，可以先借住刮板把面挤压在一起，再用手搓匀。

做法

❶将皮部分的清水煮开后，再加入淀粉、澄面。

❷待澄面烫熟后，取出放在案板上，趁热搓匀。

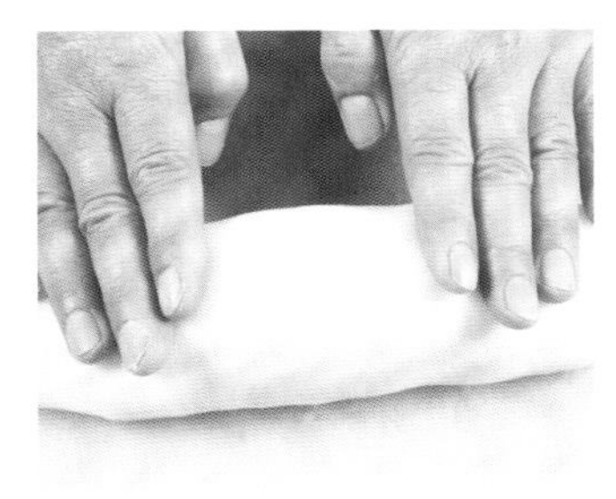

❸搓至面团纯滑。

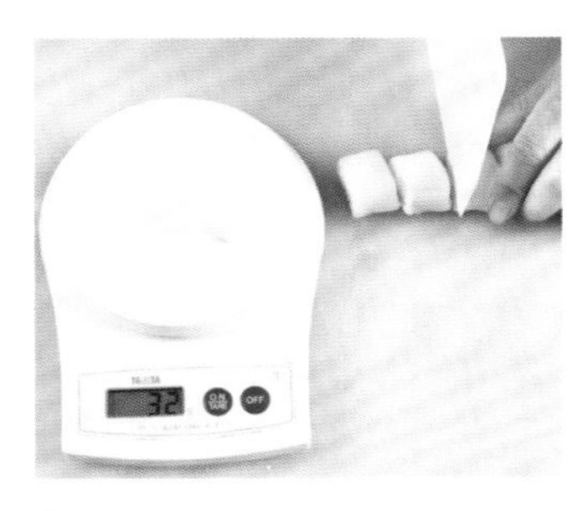

❹将面团分切成每份约30克的小面团，压薄备用。

❺将馅料部分的猪肉碎、胡萝卜碎、马蹄肉碎与盐、砂糖、鸡精拌匀成馅料。

❻用薄皮包入馅料，将收口捏紧成型。

❼排入蒸笼内，用韭菜缠紧腰口。

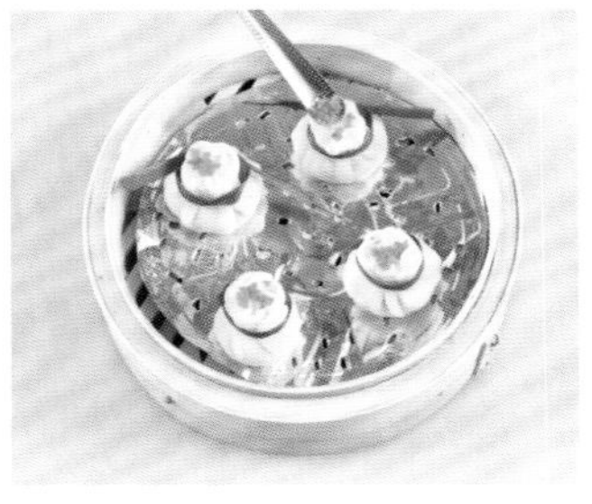

❽表面用蟹黄或熟蛋黄粒装饰，然后用大火蒸约7分钟至熟即可。

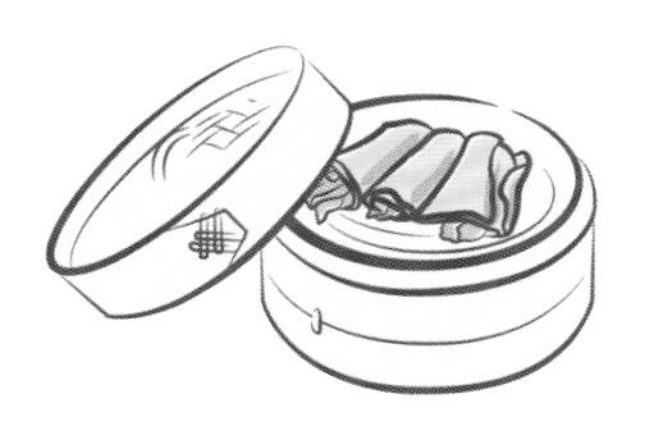

金银馒头

材料

低筋面粉 500 克，泡打粉 4 克，干酵母 4 克，改良剂 25 克，清水 225 毫升，砂糖 100 克

做法

❶低筋面粉、泡打粉混合过筛，中间加入砂糖、干酵母、改良剂、清水，拌至糖完全溶化。

❷低筋面粉拌入中间搓匀。

❸搓至面团纯滑。

❹用保鲜膜将面团包好，稍作松弛。

❺然后将面团擀薄。

❻卷起成长条状。

❼分切成每份约30克的馒头坯。

❽均匀排入蒸笼内，静置30分钟后，用大火蒸约8分钟至熟透，待冷冻后再将一半馒头以150℃的油温炸至金黄色即可。

制作指导

炸馒头时最好选用干性油，如花生油、棕榈油等，这类油含有大量的油酸，碘质低，比较稳定，可防止产生酸辣味。

西芹牛肉球

材料

牛肉粒 500 克，肥猪肉粒 100 克，淀粉 75 克，清水 175 毫升，植物油 25 毫升，西芹适量，盐 13 克，小苏打 3 克，鸡精 10 克，砂糖 25 克，葱花 20 克

做法

❶牛肉与砂糖混合，拌透。
❷加入盐、小苏打、鸡精、葱花，拌匀。
❸边搅拌边加入清水。
❹拌透后，加入肥猪肉粒。
❺然后倒入淀粉，最后加入植物油拌透。
❻西芹洗净，晾干水后铺于碟上。
❼将牛肉滑挤成球状。
❽排于西芹上，入蒸笼用大火蒸约8分钟至熟即可。

制作指导

制成肉球时，手上涂一点水，可防止粘手。

脆皮三丝春卷

材料

春卷皮适量，芋头 1 个，猪肉 100 克，韭黄 20 克，盐 5 克，鸡精、砂糖各 8 克

做法

❶猪肉洗净、芋头去皮洗净切粒，然后加糖、鸡精、盐拌匀。
❷加入洗净切成小段的韭黄。
❸拌至完全均匀即成馅料。
❹将春卷皮裁切成长“日”字形。
❺将馅料加入。
❻将两头对折。
❼然后将另外两边折起。
❽将馅包紧后成方块形，平底锅下油加热，再将饼坯煎至熟透即可。

制作指导

春卷拌馅过程中可适量加些面粉，能避免煎制过程中出现馅内菜汁流出糊锅底的现象。

七彩水晶盏

材料

皮： 澄面100克，淀粉400克，清水550毫升

馅： 冬菇、胡萝卜、木耳各30克，西芹、猪肉、虾仁各50克，砂糖、鸡精各适量，盐3克

制作指导

澄面烫熟拌好后要注意保湿，如果变干了包馅料时就会很难捏紧包口，可以用保鲜膜包裹，防止水分的蒸发。

做法

❶ 将皮部分的清水加热煮开，加入淀粉、澄面。

❷ 烫熟以后，再取出倒在案板上。

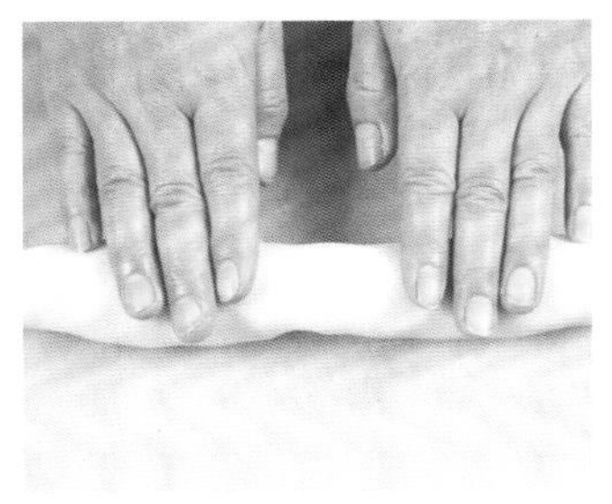

❸ 搓至面团纯滑。

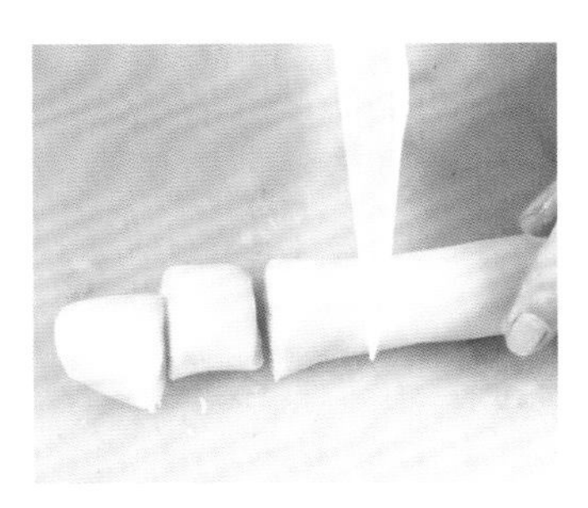

❹ 将面团分切成每份约30克的小面团，压薄备用。

❺ 馅料部分的材料分别洗净切碎，和调料拌匀成馅。

❻ 用薄片包入馅料。

❼ 将收口捏紧成形。

❽ 放入圆形锡纸膜内，入蒸笼大火蒸约8分钟至熟即可。

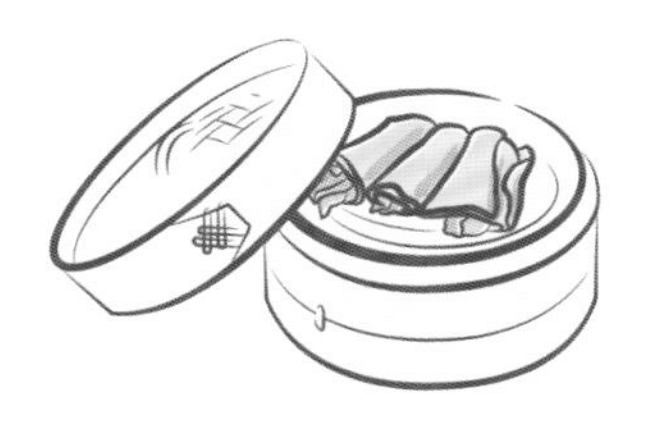

香菜猪仔果

材料

皮： 澄面 300 克，淀粉 200 克，清水 550 毫升

馅： 猪肉 250 克，胡萝卜 50 克，香菜 100 克，盐 5 克，砂糖 9 克，味精 7 克，胡萝卜汁适量

制作指导

面团中加入胡萝卜汁的分量要恰当，太多则颜色过深，太少则过浅，这样都会影响其外观及口感。

做法

❶ 将清水加热煮开，加入澄面、淀粉。

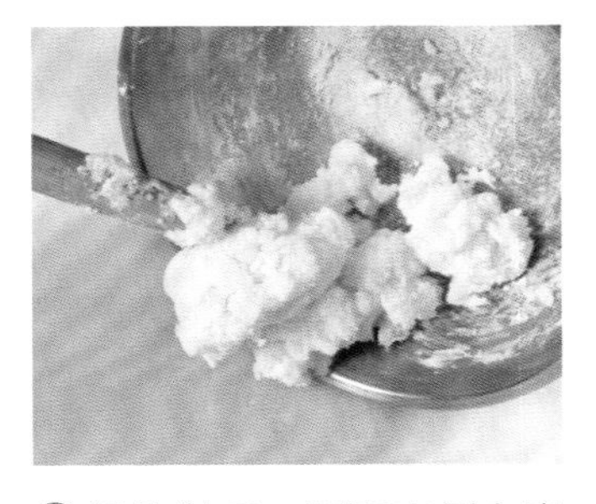

❷ 烫熟以后，再取出倒在案板上。

❸ 搓至面团纯滑。

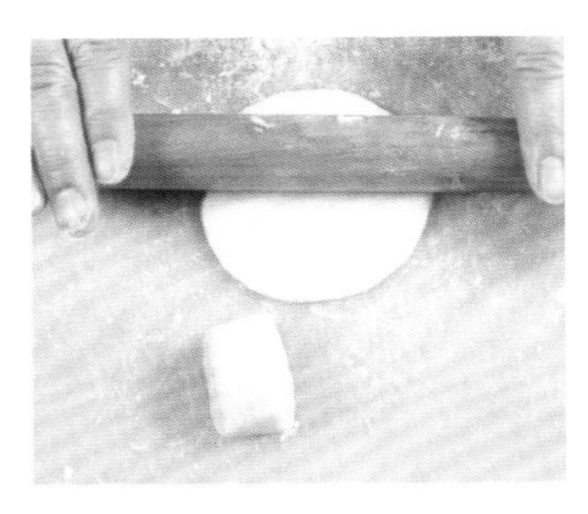

❹ 将面团分切成每份约30克的小面团，并擀薄。

❺ 猪肉、胡萝卜、香菜洗净切碎，加盐、砂糖、味精拌匀成馅，用薄皮包入。

❻ 将收口捏紧成形，排入蒸笼内。

❼ 面团上加入胡萝卜汁拌匀，压成小圆点。

❽ 将小圆点放在上面装饰，用大火蒸约8分钟至熟即可。

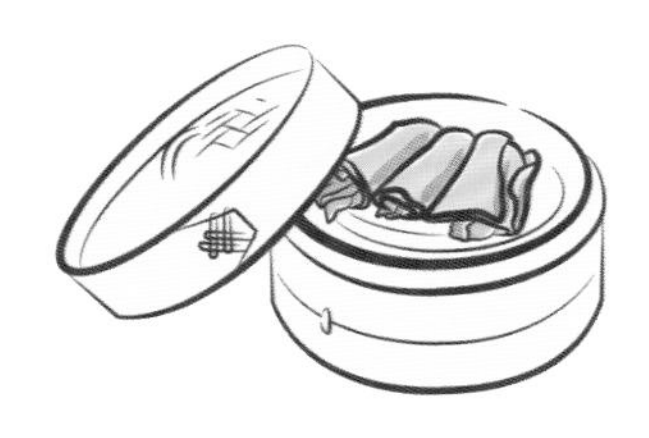

燕麦馒头

材料

低筋面粉 500 克，泡打粉、干酵母各 4 克，改良剂 25 克，清水 225 毫升，燕麦粉适量，砂糖 100 克

做法

❶ 将低筋面粉、泡打粉过筛后，与燕麦粉混合开窝。

❷ 加入砂糖、干酵母、改良剂、清水，拌匀至糖溶化。

❸ 将燕麦粉拌入中间，搓至面团纯滑。

❹ 用保鲜膜包好面团，松弛约20分钟。

❺ 然后用擀面杖将面团压薄。

❻ 卷起成长条状。

❼ 分切成每份约30克的小面团。

❽ 均匀排于蒸笼内，稍静置，用大火蒸约8分钟至熟透即可。

制作指导

面团一定要揉均匀，要等它松弛好后再压薄卷成条形；成型后不能马上入锅蒸，还要让它静置约半小时才能蒸。

甘笋莲蓉包

材料

皮：低筋面粉 500 克，泡打粉 1.5 克，干酵母、砂糖各 5 克，清水 150 毫升，甘笋汁 75 毫升，胡萝卜泥适量

馅：莲蓉 250 克

做法

❶将低筋面粉、泡打粉混合过筛，在案板上开窝，中间倒入砂糖、干酵母。

❷将清水与胡萝卜泥搅拌成泥状后，加入步骤1中拌至糖溶化。

❸将甘笋汁拌入，搓至面团纯滑。

❹用保鲜膜包好，松弛约30分钟。

❺将面团分切每份约30克，莲蓉分切每份约15克。

❻将面团压薄，包入莲蓉。

❼成型后两头搓尖形。

❽然后排入蒸笼内稍松弛，用大火蒸约8分钟，至熟透即可。

制作指导

面团松弛时放点砂糖，能够缩短松弛的时间。甘笋汁不要太多，否则颜色会加重，也可以用其他果蔬汁代替甘笋汁。

脆皮龙绣球

材料

饺子皮 100 克，虾肉 250 克，肥肉粒 50 克，淀粉 20 克，猪油 50 克，盐 3 克，鸡精 5 克，砂糖 8 克

制作指导

拌虾仁时加点盐会更入味，还可以使虾肉中的蛋白质起胶，易粘住浆糊，加盐量应为虾仁的 1%。

做法

❶ 先将鲜虾肉压成蓉。

❷ 加入盐，拌至起胶。

❸ 放入鸡精、砂糖、淀粉，搅拌均匀。

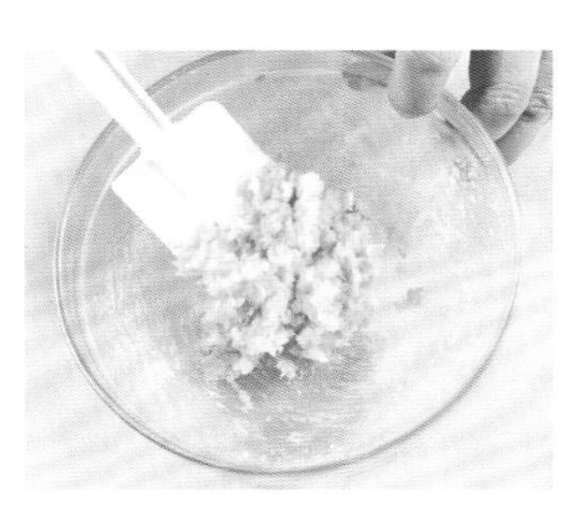

❹ 再加入肥肉粒、猪油，拌至有黏性，即成虾肉滑。

❺ 将虾肉滑捏成圆球。

❻ 然后将饺子皮切丝。

❼ 再将饺子皮粘上圆球作装饰。

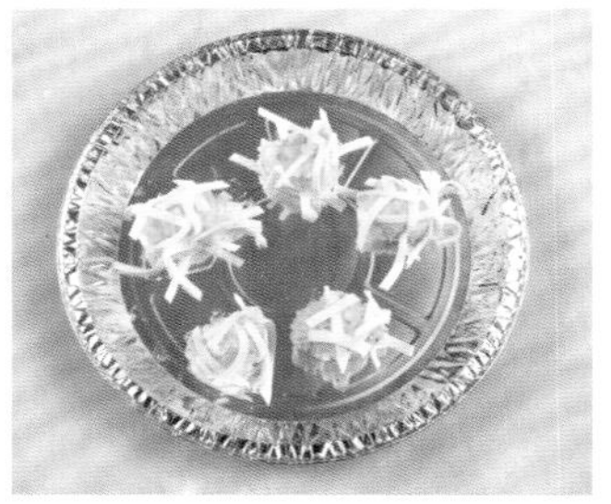

❽ 用150℃的油温炸10分钟至熟即可。

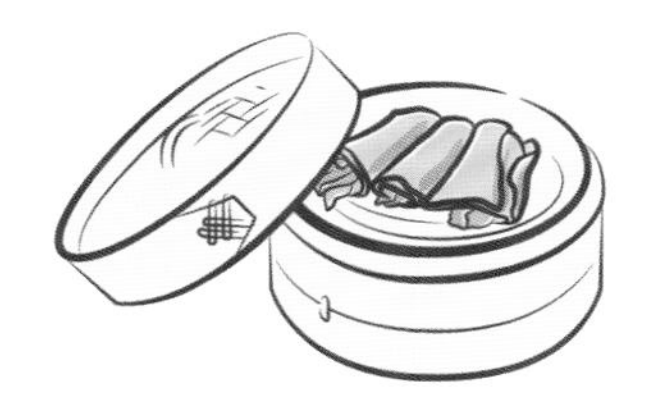

凤凰叉烧扎

材料

熟南瓜条、叉烧各 100 克，鸡蛋 1 个，粉肠 50 克，淀粉少许，蚝油 3 毫升，盐 2.5 克，鸡精 5 克，砂糖 7 克

制作指导

煎蛋饼时，可在蛋液中加一点醋或者粟粉，搅拌后用小火煎，可以得到薄且有韧性的蛋皮。

做法

❶ 将鸡蛋打散后，加入0.5克盐拌匀。

❷ 再用不粘锅将蛋液煎成蛋饼。

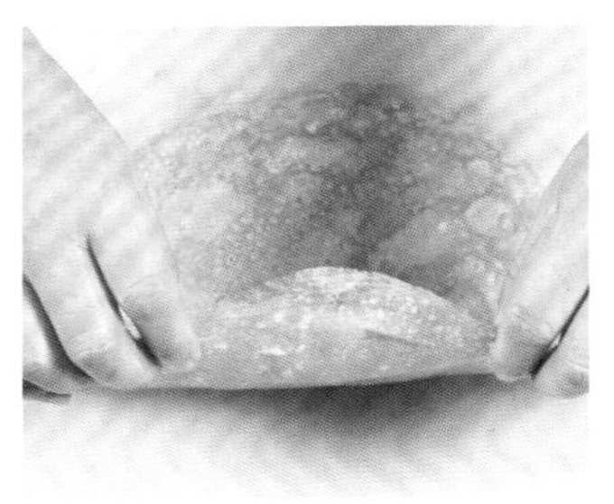

❸ 将蛋饼取出，放在案板上。

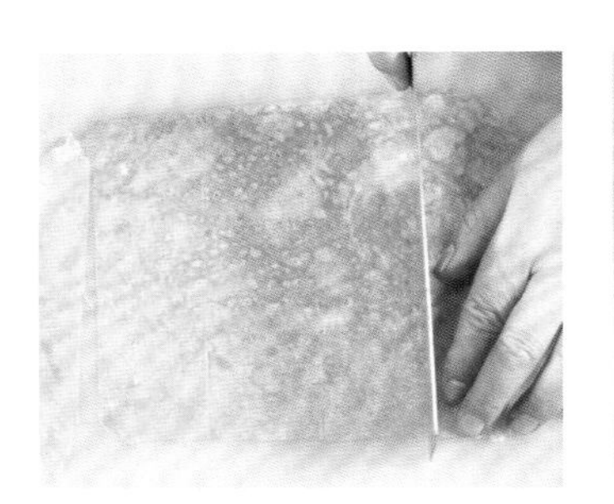

❹ 分切成长条形备用。

❺ 将粉肠与叉烧肉、剩余的盐、蚝油、鸡精、砂糖、淀粉混合，搅拌均匀。

❻ 用蛋皮将南瓜条、粉肠、叉烧块包起。

❼ 将蛋皮用鸡蛋液（分量外）封紧口，码盘。

❽ 将包好的叉烧卷排入蒸笼内，大火蒸熟即可。

莲蓉晶饼

材料

皮：澄面 250 克，淀粉 75 克，猪油 50 克，清水 250 毫升，砂糖 75 克

馅：莲蓉适量

做法

❶将清水、砂糖混合后，加热煮开，加入澄面、淀粉。

❷烫熟后，取出倒在案板上。

❸加入猪油拌匀，搓至面团纯滑。

❹将面团分切成每份约30克的小面团，再压薄。

❺将莲蓉馅包入，捏紧收口成饼坯。

❻将饼坯压入圆形饼模内。

❼然后将饼脱模。

❽排入蒸笼，以大火蒸约6分钟至熟即可。

制作指导

水煮开后，最好缓缓地加入其余材料，边搅拌边添加，以免烫伤自己，这样搅出来的面也会更加光滑。

金笋腊肠卷

材料

皮：面粉 500 克，泡打粉 15 克，干酵母 5 克，清水 150 毫升，甘笋汁 75 毫升，砂糖 100 克

馅：腊肠适量

做法

❶ 将面粉、泡打粉过筛开窝，中间加入干酵母、砂糖、甘笋汁、清水。
❷ 拌至糖溶化，搓至面团纯滑。
❸ 用保鲜膜包起，稍作松弛。
❹ 将面团分切成每份约40克的小面团。
❺ 然后将面团搓成长条状。
❻ 用面条将腊肠卷入成形。
❼ 均匀排入蒸笼静置松弛，用大火蒸约8分钟至熟即可。

制作指导

加入清水时，最好边搅拌边分次加入，这样面团和水才容易搅拌均匀。

豆沙饼

材料

春卷油皮 2 张，圆粒豆沙馅 100 克，炒熟芝麻 50 克，炒熟花生 50 克，植物油适量

做法

❶ 先将熟花生压碎。
❷ 加入熟芝麻混合。
❸ 再放入豆沙馅拌匀。
❹ 将拌好的馅料搓紧，放在春卷皮的一边。
❺ 然后将馅料卷起。
❻ 用菜刀压平、压实。
❼ 分切成大小均匀的块，排入碟中。
❽ 然后将平底锅加热，加入植物油，将饼坯煎至熟透即可。

制作指导

用菜刀压饼时，注意力道要控制好，太轻则压不实，太重则会压破皮。

甘笋螺旋馒头

材料

低筋面粉 500 克，泡打粉 4 克，干酵母 4 克，改良剂 25 克，清水 225 毫升，甘笋汁适量，砂糖 100 克

制作指导

面团松弛后再揉约 5 分钟，可以去掉面团里的气泡，馒头在蒸的时候才不会过度膨胀，可保持原有的形状。

做法

❶将低筋面粉、泡打粉过筛开窝加入砂糖、干酵母、改良剂、清水。

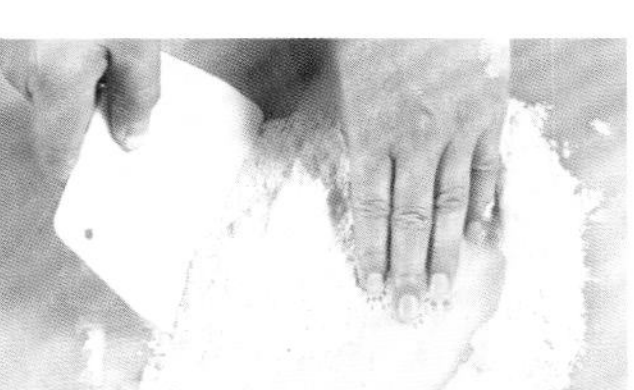

❷拌至糖溶化，再将低筋面粉拌入中间搓匀。

❸搓至面团纯滑。

❹将面团分成两份，其中一份拌入甘笋汁，搓匀稍作松弛。

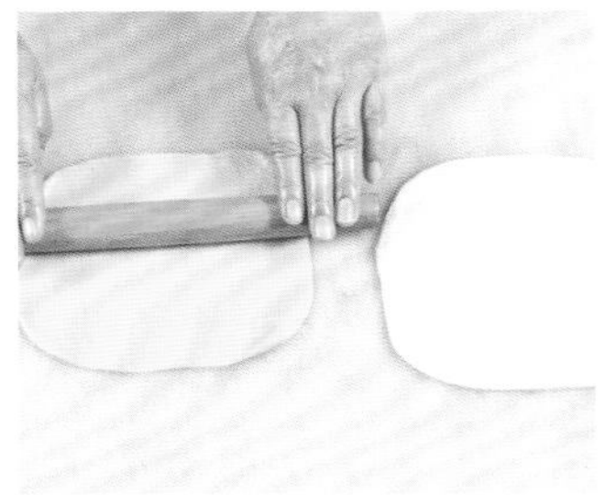
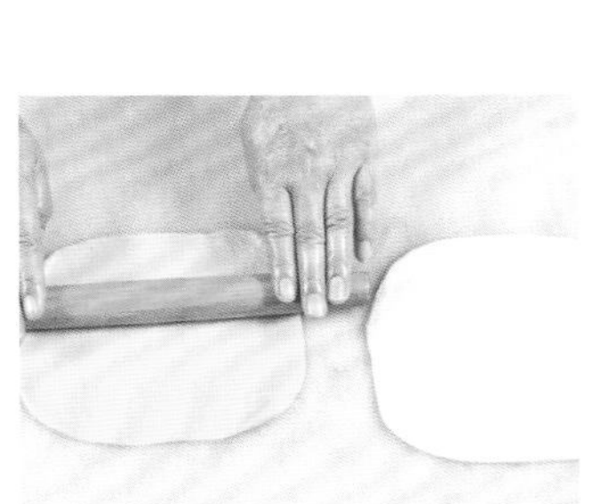

❺两份面团分别擀成薄皮。

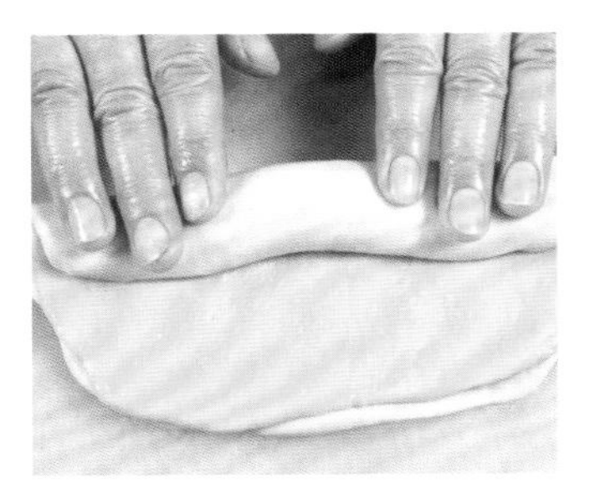

❻将两张薄面皮叠起，卷成长条状。

❼将面条分切成每份约30克的小面团。

❽均匀排入蒸笼内，稍作静置松弛，用大火蒸约8分钟至熟透即可。

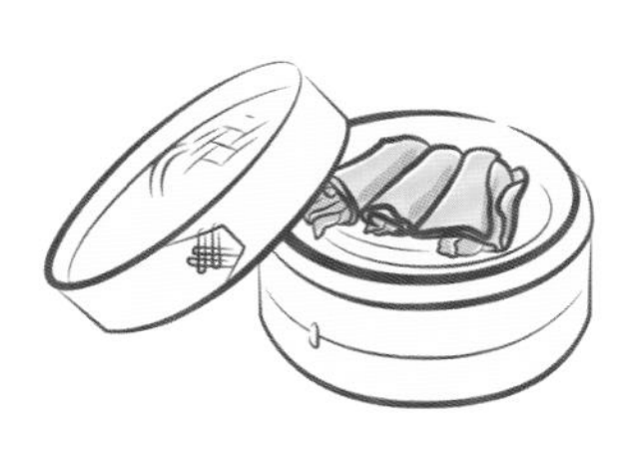

燕麦腊肠卷

材料

低筋面粉 500 克，泡打粉 4 克，干酵母 4 克，改良剂 25 克，清水 225 毫升，燕麦粉、腊肠各适量，砂糖 100 克

制作指导

将面团搓成长条状时，用两手沿着两端慢慢搓长，不能搓得太细也不能搓得太厚，否则影响造型。

做法

❶将低筋面粉、泡打粉过筛后，与燕麦粉混合开窝。

❷加入砂糖、干酵母、改良剂、清水，拌至中间部分糖溶化。

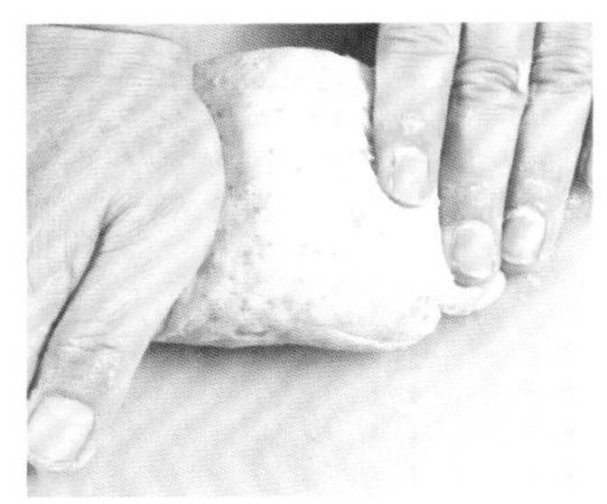

❸将低筋面粉拌入中间，搓至面团纯滑。

❹用保鲜膜包起面团，松弛约20分钟。

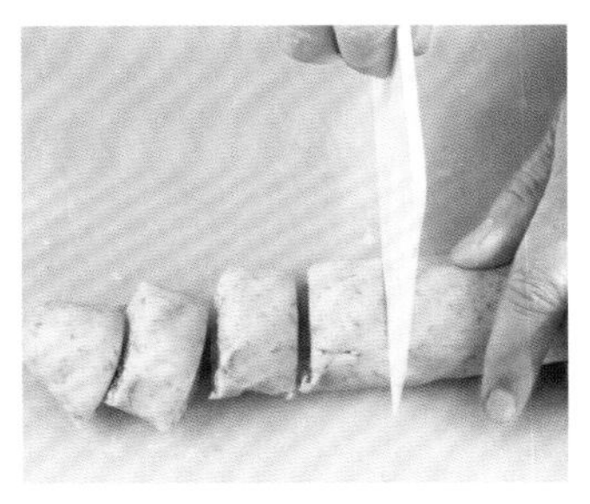

❺将面团搓成长条形，分切成每份约30克的小面团。

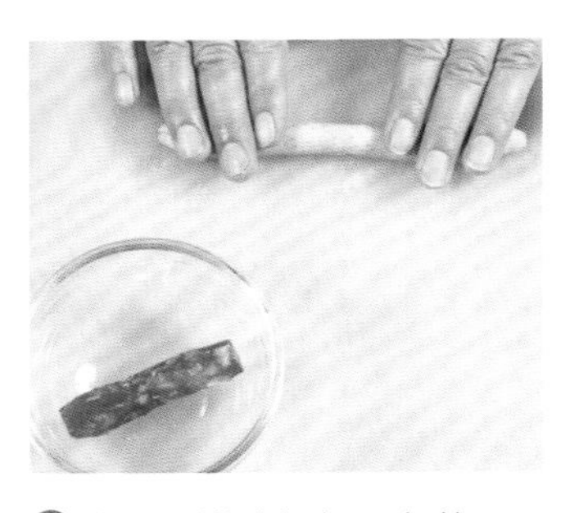

❻将面团搓成细长面条状。

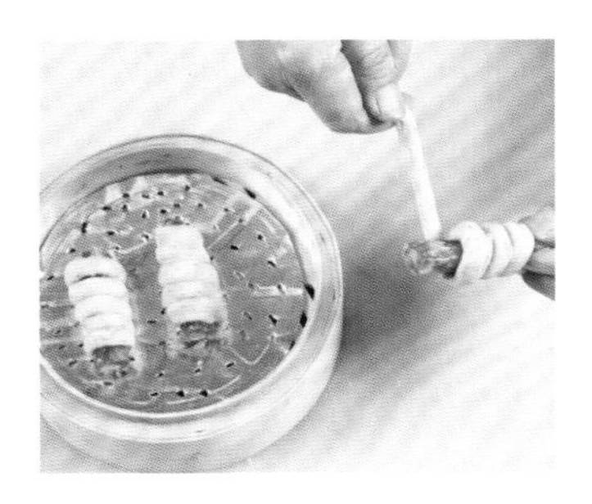

❼再用面条将腊肠缠绕包入中间。

❽均匀排入蒸笼内，稍作静置松弛，用大火蒸约8分钟至熟透即可。

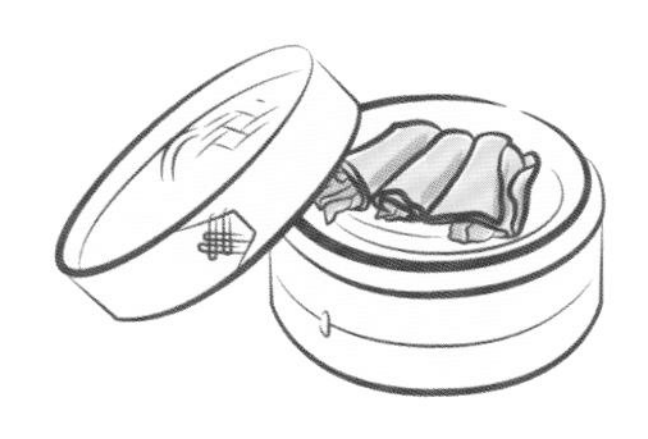

麻香凤眼卷

材料

皮：糯米粉 250 克，砂糖 25 克，粟粉 50 克，牛奶 50 毫升，清水 200 毫升

馅：即食芝麻糊适量

做法

❶ 将糯米粉、粟粉与清水、牛奶混合，拌匀成粉糊。

❷ 将粉糊倒入垫好纱布的蒸笼内。

❸ 用大火蒸熟后，取出倒在案板上。

❹ 加入砂糖，搓至糖溶化、面团纯滑。

❺ 将面团擀薄，然后将四周切齐，备用。

❻ 即食芝麻糊用凉开水调匀成馅。

❼ 将馅料均匀铺于薄皮上，从两头向中间折起成型。

❽ 用刀切成每个宽约4厘米即可。

制作指导

拌粉糊时，擀面杖要顺着同一个方向搅拌，这样能使粉糊拌得更均匀。

七彩小笼包

材料

皮：面粉 500 克，清水 250 毫升

馅：猪肉 250 克，砂糖 9 克，蟹黄少许，鸡精 8 克，盐 6 克

做法

1. 面粉过筛开窝，加入清水。
2. 将面粉拌入中间的清水，搓匀。
3. 搓至面团纯滑后，用保鲜膜包好松弛。
4. 将面团分切成每份约30克，压薄备用。
5. 猪肉洗净切碎，加入各调料拌匀成馅。
6. 用薄面皮将馅包入。
7. 将收口捏成雀笼形。
8. 放入锡纸盏，用蟹黄装饰，稍静置松弛，用大火蒸约8分钟至熟即可。

制作指导

猪肉要剁烂，加入调味料搅至起胶时包入，口感会更好。

莲蓉包

材料

皮：低筋面粉 500 克，泡打粉、干酵母各 4 克，改良剂 25 克，清水 225 毫升，砂糖 100 克

馅：莲蓉适量

做法

1. 低筋面粉、泡打粉过筛开窝，中间加入砂糖、干酵母、改良剂、清水。
2. 拌至糖溶化，将低筋面粉与中间部分拌匀，搓至面团纯滑。
3. 用保鲜膜包好，稍作松弛。
4. 将面团分切成每份约30克，压薄。
5. 将莲蓉馅包入。
6. 把收口捏紧成型。
7. 稍作静置后，以大火蒸约8分钟至熟即可。

制作指导

蒸的时候一定要用大火，才能一气呵成，否则会影响口感。

香芋卷

材料

皮：低筋面粉 500 克，清水 225 毫升，砂糖 100 克，泡打粉 4 克，干酵母 4 克

馅：火腩 200 克，香芋 200 克

制作指导

揉搓面团时可以在里面加入一小块猪油，面团会更光滑细腻，蒸出来的点心会更松软可口。

做法

❶将低筋面粉、泡打粉过筛后开窝，中间加入砂糖、干酵母、清水。

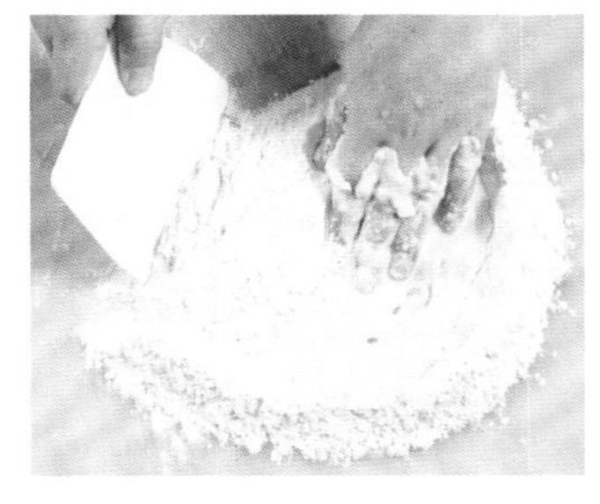

❷待糖溶化，将面粉拌入中间部分。

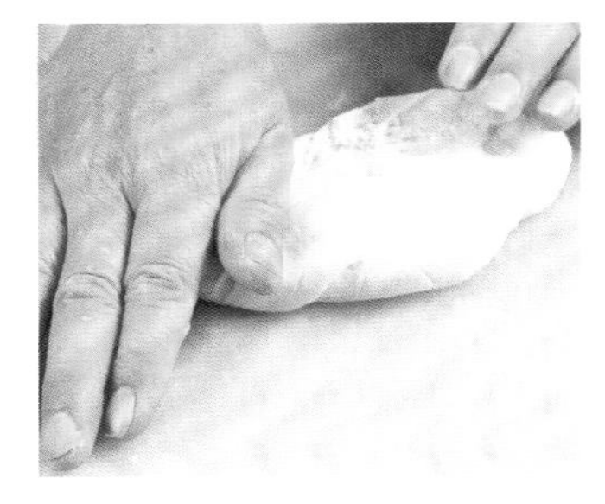

❸搓至面团纯滑。

❹再用保鲜膜包面团，稍作松弛。

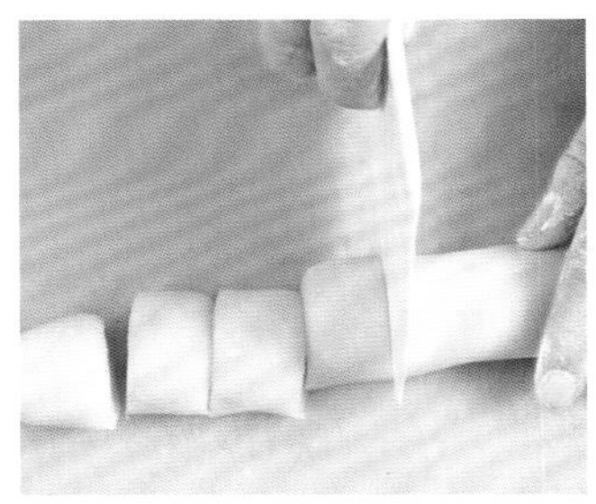

❺将面团分切成每份约30克的小面团。

❻将小面团擀成长“日”字形。

❼将切成块状的火腩、香芋包入成型。

❽排入蒸笼内，静置松弛片刻，用大火蒸8分钟即可。

香芋火腩卷

材料

皮：普通面粉 500 克，改良剂 25 克，泡打粉 4 克，砂糖 100 克，干酵母 4 克，清水 225 毫升，香芋色香油 5 毫升

馅：火腩 200 克，香芋 200 克

制作指导

面皮上的斜纹可用刮板直接在面皮上划，划时速度要快，纹路要清晰，最好一气呵成。也可以根据个人的喜好，划出其他的纹路。

做法

❶将面粉、泡打粉开窝，中间加入香芋色香油、干酵母、改良剂、清水。

❷加入砂糖拌至糖溶化，将面粉拌入中间部分。

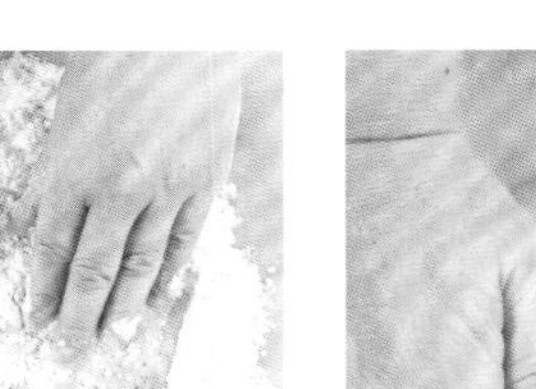

❸搓至面团纯滑。

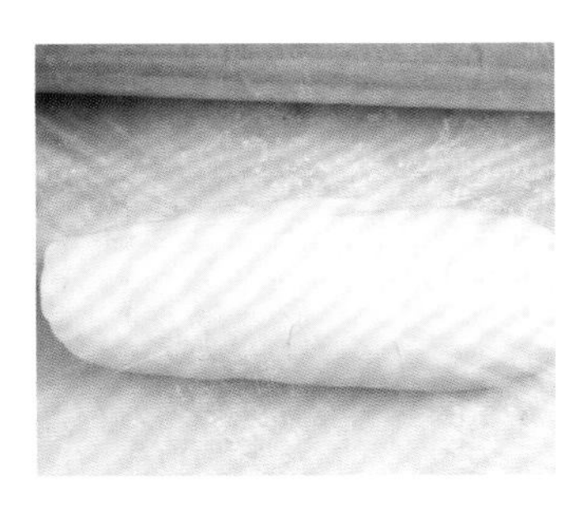

❹用保鲜膜包好面团，稍作松弛。

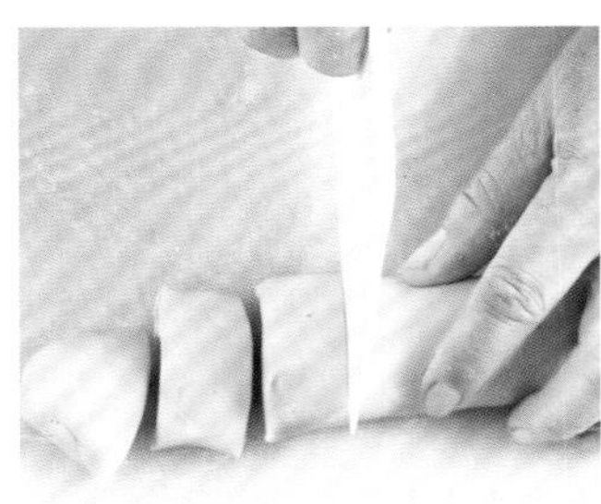

❺将面团分切成每份约30克的小面团。

❻将小面团擀成长“日”字形。

❼将火腩切块、香芋切块，包入面皮成型。

❽排入蒸笼内，划上斜纹，静置松弛片刻，用大火蒸约8分钟至熟即可。

豆沙白玉卷

材料

皮：砂糖 25 克，牛奶 50 毫升，粟粉 50 克，清水 200 毫升，糯米粉 250 克

馅：红豆沙适量

做法

❶ 将糯米粉、粟粉混合均匀，加入清水、牛奶拌匀。
❷ 倒入垫好纱布的蒸笼内蒸熟。
❸ 将蒸熟的面团取出，放在案板上。
❹ 加入砂糖搓匀，搓至面团纯滑。
❺ 再将面团擀薄成长“日”字形。
❻ 在面皮上铺上红豆沙馅，将馅卷起包入。
❼ 压扁成方形。
❽ 切成每个宽约4厘米的卷即可。

制作指导

豆沙馅铺在面皮上时，要铺平整，卷成方形时要压紧，切时才不易变形。以横切面形成一个螺旋形图案为最佳。

燕麦豆沙包

材料

皮：低筋面粉 500 克，清水 225 毫升，泡打粉 4 克，砂糖 100 克，干酵母 4 克，改良剂 25 克，燕麦粉适量

馅：红豆沙馅适量

做法

❶ 将低筋面粉、泡打粉过筛后，与燕麦粉混合开窝，加入砂糖、干酵母、改良剂、清水，搓至糖溶化。

❷ 将面粉拌入中间部分，搓至面团纯滑。

❸ 用保鲜膜包好面团，松弛20分钟。

❹ 然后将面团分切成每份约30克，分别压薄成面皮，包入豆沙馅，将包口收紧成包坯。

❺ 放入蒸笼，用大火蒸8分钟至熟即可。

制作指导

加清水时，要边搅拌边加，待水被面粉吸干后，再搓拌面粉，就可揉成光滑面团。

燕麦桂圆包

材料

皮：低筋面粉 500 克，砂糖 100 克，泡打粉、干酵母各 4 克，改良剂 25 克，清水 225 毫升，燕麦粉 100 克

馅：糖冬瓜 100 克，桂圆肉 50 克

做法

❶ 将低筋面粉、泡打粉过筛开窝后，加入砂糖、干酵母、改良剂、清水，拌至糖溶化，将面粉拌入中间部分。

❷ 搓至面团纯滑，用保鲜膜包好稍作松弛。

❸ 将面团分割成每份约30克的小面团。

❹ 然后将其擀成圆薄片。

❺ 将糖冬瓜、桂圆肉混成馅料。

❻ 包入馅料，将底部收口捏紧。

❼ 放入蒸笼，用大火蒸约8分钟至熟即可。

制作指导

注意排出面团中的气泡，否则面皮易塌陷。

鸡仔饼

材料

皮：麦芽糖 175 克，砂糖 75 克，碱水 4 毫升，清水 70 毫升，低筋面粉 250 克

馅：砂糖 260 克，芝麻 60 克，南乳 35 克，白酒 30 毫升，清水 100 毫升，糕粉 125 克，花生碎 60 克，蒜蓉 30 克，五香粉 6 克，植物油 60 毫升，蛋糕碎 125 克，冰肉 450 克，盐、胡椒粉各 6 克

制作指导

制作皮时，面团一定要揉匀，揉好后可以稍作静置松弛，效果会更好；馅料部分也可以根据个人的喜好，选择不同的材料进行制作；注意往烤盘放置饼时，烤盘中的饼之间要有一定间距，否则烘烤后会膨胀而粘在一起。

做法

❶将皮部分的所有材料拌匀，搓成面团备用。

❷馅料部分的所有材料混合。

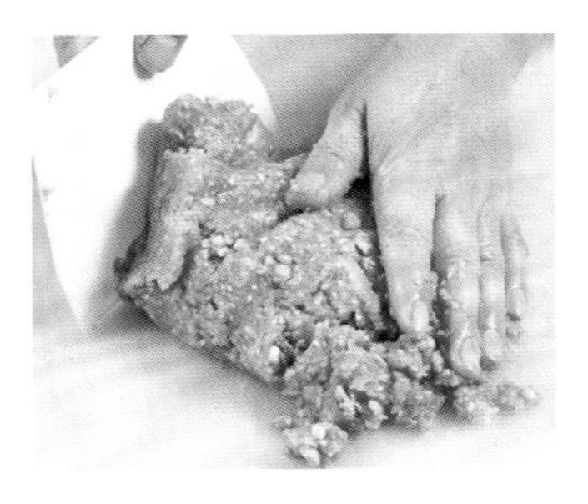

❸搅拌均匀成馅料。

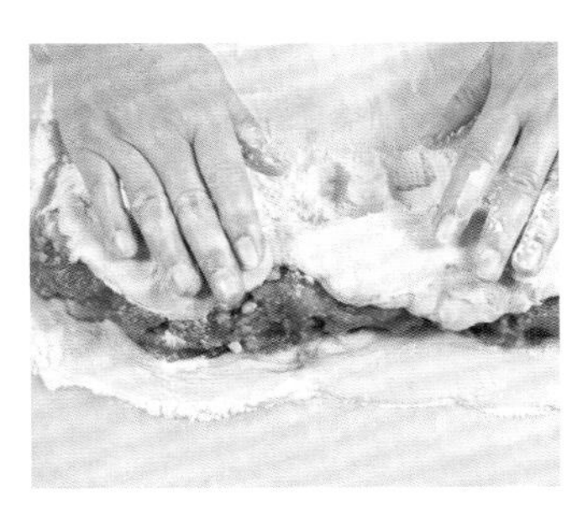

❹将面皮擀薄，包入馅料。

❺然后分切成小份。

❻搓成长条，切小饼坯团。

❼均匀排入烤盘，稍压扁。

❽扫上蛋黄液（材料外），以上火180℃、下火140℃烤10分钟至熟即可。

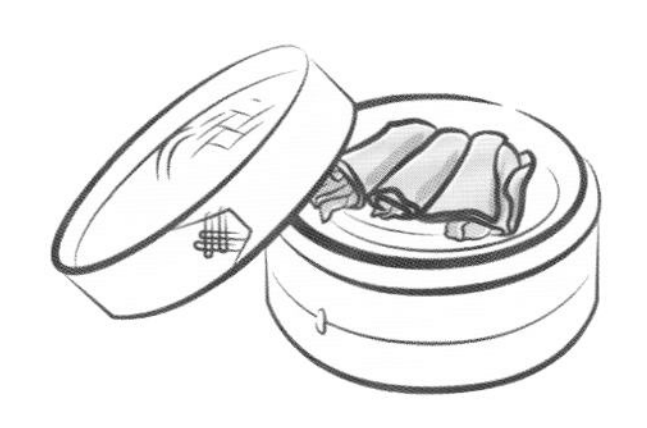

菜心小笼包

材料

皮：普通面粉 500 克，清水 250 毫升，盐、植物油各少许

馅：猪肉 250 克，胡萝卜 20 克，菜心 100 克，鸡精、砂糖各 8 克，盐 6 克，清水 100 毫升

其他：蟹黄或蛋黄适量

制作指导

拌馅料的时候可以适量加一些清水，再用筷子蘸一点苏打粉好让肉馅吸收水分，这样蒸出来的包子才会鲜嫩。如果选用的猪肉较肥，做出来的包子会更加的美味。

做法

❶将皮部分的面粉开窝，加入清水、植物油、盐。

❷拌匀后，搓至面团纯滑。

❸用保鲜膜包好后，松弛半小时左右。

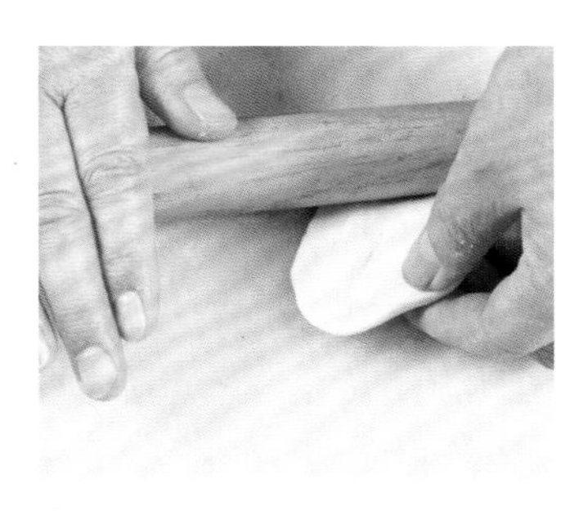

❹将松弛好的面团分割成每份约30克，再将其擀成圆薄片。

❺馅料部分的猪肉、胡萝卜、菜心洗净切碎，与其余材料拌匀成馅。

❻面皮包入馅料，将收口捏紧。

❼放入蒸笼内稍松弛。

❽用蟹黄或蛋黄装饰，用大火蒸约8分钟至熟即可。

菠菜奶黄晶饼

材料

澄面 250 克，淀粉 75 克，清水 250 毫升，奶黄馅100 克，菠菜汁 200 毫升，砂糖 75 克，猪油 50 克

做法

❶ 将清水、菠菜汁、砂糖混合煮开后，加入淀粉、澄面。
❷ 烫熟后，倒出放在案板上。
❸ 搓匀后加入猪油。
❹ 再搓至面团纯滑。
❺ 分切成每份约30克的小面团，分别擀薄。
❻ 面皮中包入奶黄馅。
❼ 然后压入饼模成型。
❽ 脱模后排入蒸笼，用大火蒸约8分钟至熟即可。

制作指导

搓好的面团最好用干净的湿布盖住，防止风吹皮硬起颗粒。使用时需要多少切多少，剩下的面团仍然用湿布盖住。

家乡蒸饺

材料

皮： 普通面粉 500 克，清水 250 毫升

馅： 韭菜 200 克，猪肉滑 100 克，鸡精、砂糖、胡椒粉各 3 克，盐 1 克，高汤 200 毫升

做法

1. 面粉过筛开窝，加入清水。
2. 将面粉拌入清水，搓至面团纯滑。
3. 面团稍作松弛后，分切成每份约30克的小面团。
4. 擀压成薄面皮状，备用。
5. 馅料部分的韭菜洗净切碎，与其余所有材料拌匀成馅。
6. 用薄皮将馅料包入。
7. 然后将收口捏紧成型。
8. 均匀排入蒸笼内，用大火蒸约6分钟即可。

制作指导

和出来的面团一定要软硬适中。

多宝鱼饺

材料

皮： 澄面 350 克，淀粉 150 克，清水 600 毫升

馅： 虾 500 克，肥肉 50 克，黑芝麻、盐、淀粉各 5 克，鸡精、砂糖各 10 克，猪油 25 克

做法

1. 清水煮开后，加入淀粉、澄面。
2. 烫熟后，取出倒在案板上，然后搓匀。
3. 搓至面团纯滑，将面团分切成每份约30克的小面团，然后压成薄片备用。
4. 馅料部分的虾、肥肉切碎，同其余材料拌成馅，用薄皮包入馅，将收口捏紧成型。
5. 均匀排入蒸笼，用黑芝麻装饰，然后用大火蒸约6分钟至熟即可。

制作指导

拌澄面和淀粉之前，最好先把澄面和淀粉一起过筛，这样搓出来的面团会更细腻光滑。

芝士豆沙圆饼

材料

皮：澄面 100 克，芝士片适量，砂糖、猪油各 100 克，清水 250 毫升，糯米粉 500 克

馅：豆沙 500 克

制作指导

包口捏紧后，可用手轻轻向下按压饼坯，将饼坯压平实，馅料不需要太多，如果挤出外皮就不好看了。

做法

❶糯米粉、澄面混合开窝，加入砂糖、猪油、清水，拌至糖溶化。

❷将面粉拌入中间部分，搓透成粉团。

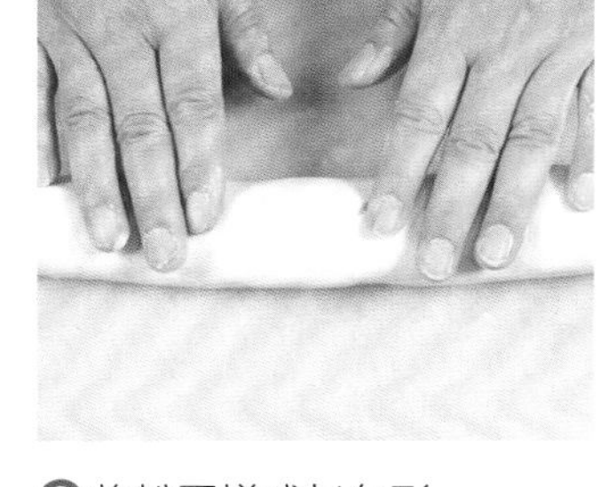

❸将粉团搓成长条形。

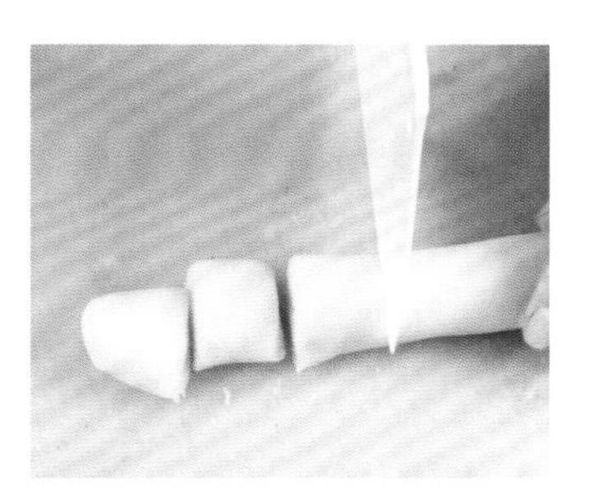

❹再分切成每份约30克的小面团。

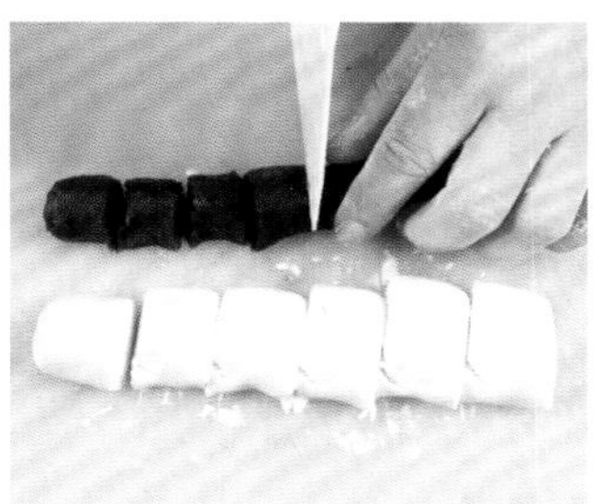

❺将豆沙馅也搓成长条状，分切成每份约15克。

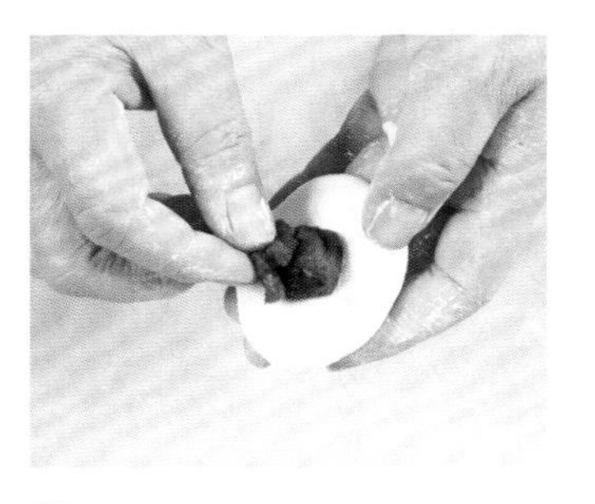

❻将面团压薄，把馅包入。

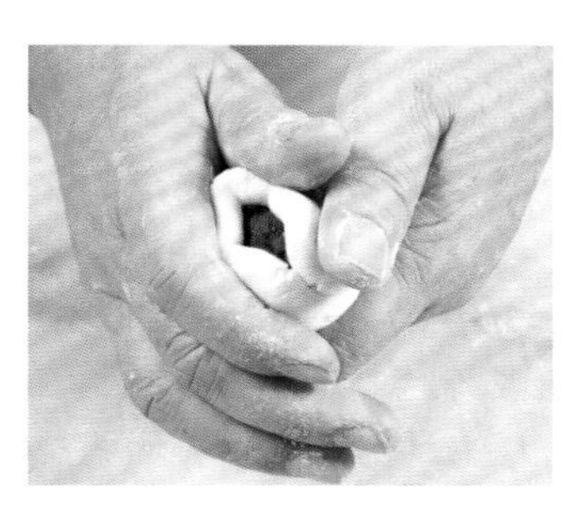

❼再将包口收紧，均匀排于蒸笼内。

❽用大火蒸8分钟至熟，晾凉，用平底锅煎成浅金黄色，用芝士片装饰即可。

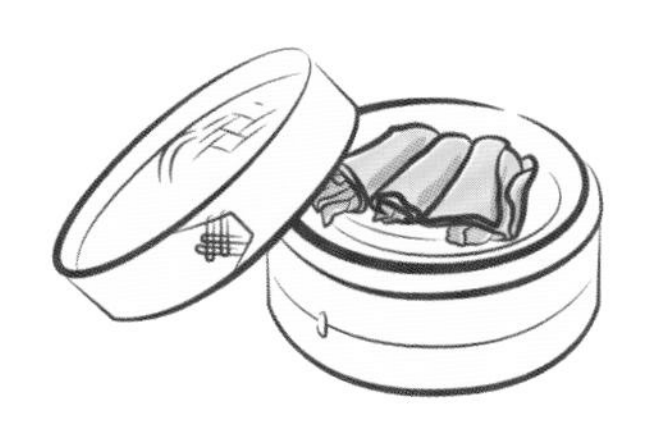

香菜小笼包

材料

皮：普通面粉 500 克，清水 250 毫升

馅：猪肉 250 克，香菜适量，砂糖 9 克，鸡精 8 克，盐 6 克

制作指导

做馅料时，可以加入半个蛋清，会使馅料的口感更加的鲜美，注意蒸包子时不要蒸过火，以免穿底。

做法

❶ 面粉开窝，加入清水。

❷ 将面粉拌入，搓匀。

❸ 搓成光滑的面团后，用保鲜膜包好，松弛片刻。

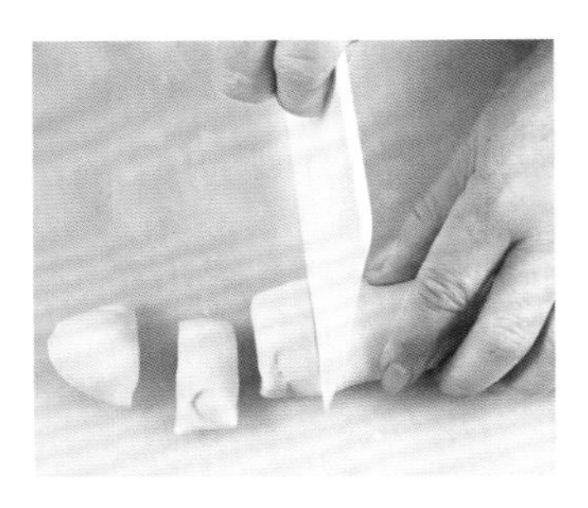

❹ 将松弛好的面团切成每份约10克的小面团。

❺ 将面团擀成薄皮待用。

❻ 猪肉、香菜洗净剁碎，与盐、砂糖、鸡精拌匀，用薄面皮将馅料包入。

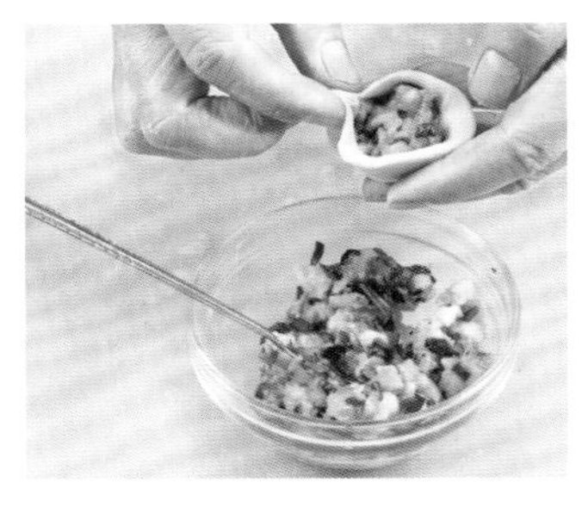

❼ 将口收紧，捏成雀笼形。

❽ 放入蒸笼，以大火蒸约8分钟，至熟即可。

家乡咸水饺

材料

皮： 糯米粉 500 克，猪油、澄面各 150 克，砂糖 100 克，清水 250 毫升

馅： 猪肉 150 克，虾米 20 克，盐适量

做法

1. 将清水、砂糖混合煮开，加入糯米粉、澄面。
2. 烫熟后，倒在案板上搓匀。
3. 加入猪油，搓至面团纯滑。
4. 然后搓成长条状，分切成每份约30克的小面团，压薄备用。
5. 将猪肉切碎，与虾米一起加盐炒熟，即成馅。
6. 用压薄的面皮包入馅料。
7. 将包口捏紧成型。
8. 以约150℃的油温炸成浅金黄色即可。

制作指导

炸咸水饺时最好保持油质的清洁，否则会影响热量传导，色泽也会受影响。

韭菜水饺

材料

皮：普通面粉 500 克，猪油 10 克，清水 200 毫升，盐少许

馅：韭菜 100 克，猪肉 100 克，马蹄肉 25 克，鸡精、砂糖各 8 克，香油、胡椒粉、盐各少许

做法

❶面粉开窝，加入猪油、盐、清水拌匀。
❷将面粉拌入中间部分，搓匀成纯滑面团。
❸用保鲜膜包好，松弛片刻。
❹将韭菜、猪肉、马蹄肉切碎，加入盐、鸡精、砂糖、香油、胡椒粉，拌匀成馅料。
❺面团松弛后，压成薄皮。
❻用切模轧成饺子皮。
❼用饺子皮将馅料包入，捏紧收口成型。
❽排入蒸笼，用大火蒸约6分钟至熟即可。

制作指导

做好的饺子在蒸之前要用湿毛巾盖好。

甘笋豆沙晶饼

材料

澄面 250 克，淀粉 75 克，清水 250 毫升，豆沙馅 100 克，甘笋汁 200 毫升，砂糖 75 克，猪油 50 克

做法

❶清水、甘笋汁、砂糖混合煮开，加入淀粉、澄面，烫熟后倒在案板上，搓匀后加入猪油，再搓至面团纯滑。
❷分切成每份约30克的小面团；豆沙搓成条，分切成每份约15克。
❸将面团压薄，包入豆沙馅。
❹收紧包口，压入饼模，后将饼坯脱模。
❺均匀排入蒸笼，用大火蒸约6分钟至熟即可。

制作指导

烫澄面时水温要够高，一定要一次烫熟，搅拌和倒出的动作要够快。

腊味小笼包

材料

皮：普通面粉 400 克，猪油 10 克，盐少许，清水 200 毫升

馅：腊肠、去皮腊肉各 200 克，葱 100 克，熟糯米粉 40 克，清水 25 毫升，盐 1.5 克，牛油 30 克，砂糖 10 克，鸡精 8 克，胡椒粉 1.5 克，五香粉 2 克，香油少许

制作指导

馅料有水分会很难包，配好馅料后可放进箱柜冷冻片刻，使油和水分凝固；擀包子皮时，最好擀成中间厚四周薄，这样收口处的面才不会过多，包子在蒸的时候也不容易出现穿底的状况。

做法

❶将面粉过筛开窝，加入猪油、盐、清水。

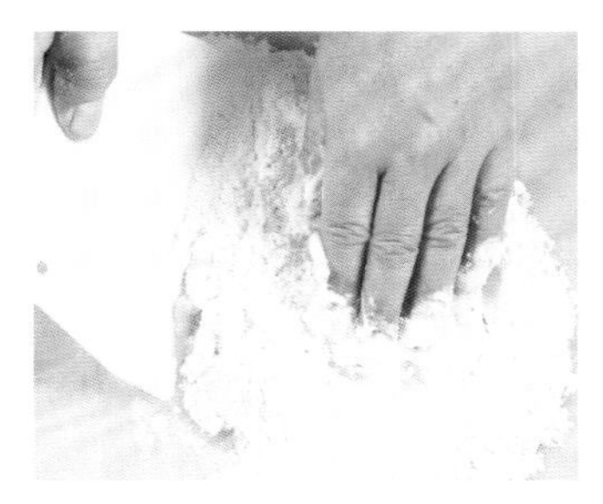

❷中间部分拌匀后，将面粉拌入。

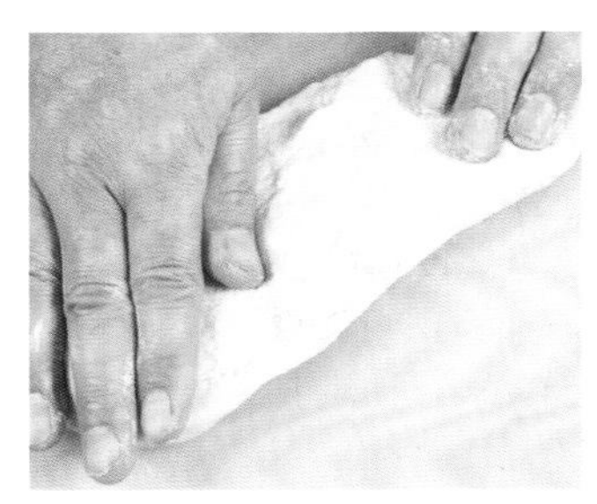

❸搓至面团纯滑。

❹用保鲜膜包好，稍作松弛。

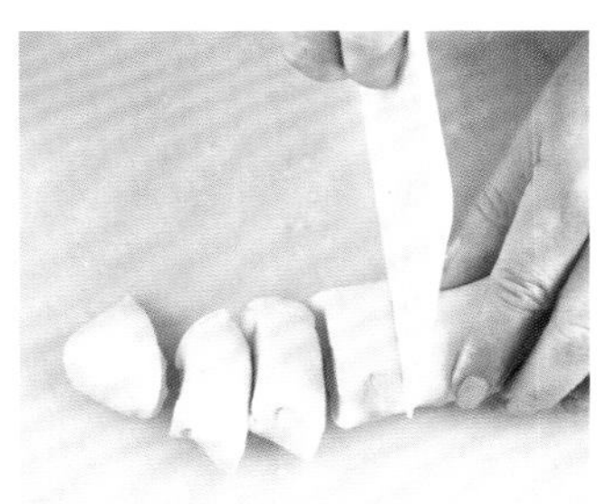

❺面团分切成每份约30克。

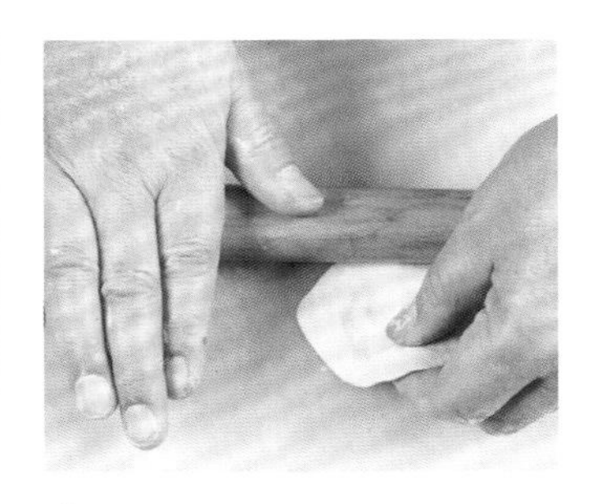

❻然后压成薄皮，备用。

❼将腊肉、腊肠、葱切碎后，加入其余材料拌匀成馅。

❽用薄皮将馅包入，将口收捏成雀笼形状。

❾稍作松弛后，用大火蒸约8分钟至熟即可。

香芋叉烧包

材料

皮： 泡打粉、干酵母各 4 克，改良剂 25 克，清水 225 毫升，低筋面粉 500 克，砂糖 100 克，香芋色香油 5 毫升

馅： 叉烧馅适量

制作指导

蒸好后不要马上揭盖，因为包子瞬间从热到冷，会收缩，可以先熄火，让包子在锅里再闷 5 分钟左右，再出锅。

做法

❶ 低筋面粉、泡打粉过筛后开窝，加入干酵母、改良剂、清水、香芋色香油。

❷ 再加入砂糖拌至中间糖溶化，将低筋面粉拌入中间部分。

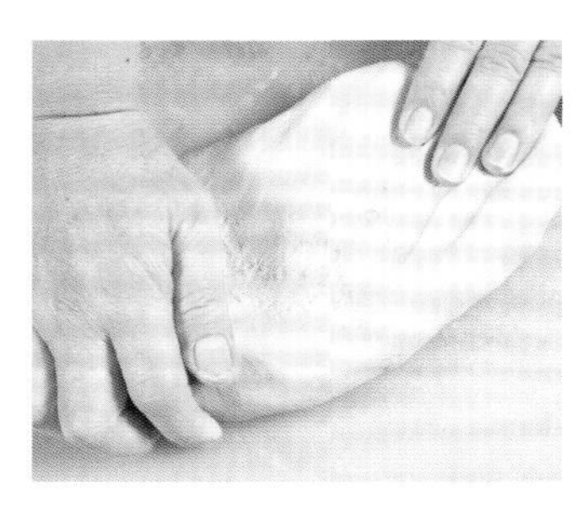

❸ 搓至面团纯滑。

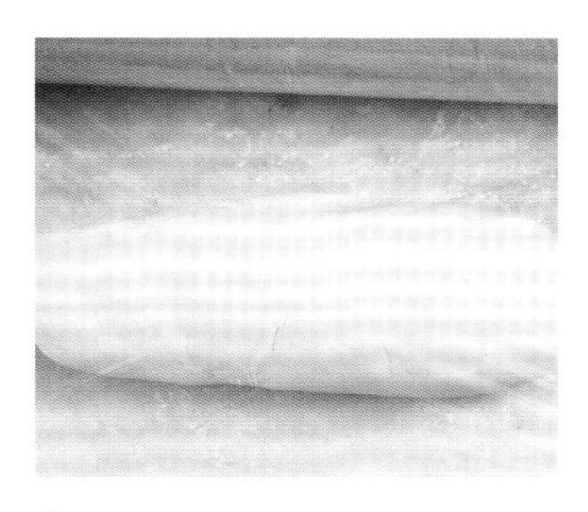

❹ 再用保鲜膜包好，稍作松弛。

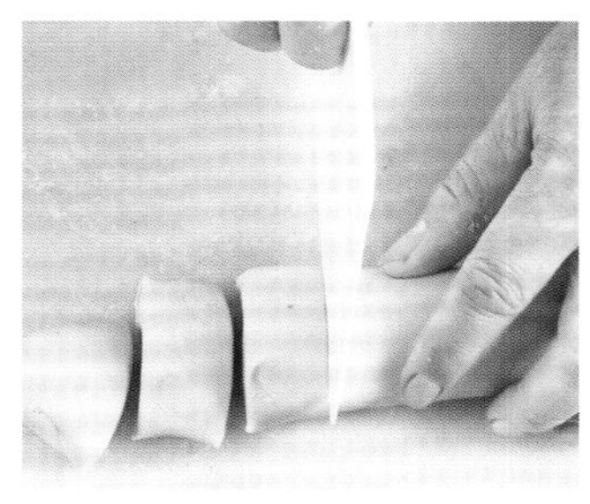

❺ 将面团分切成每份约30克的小面团。

❻ 将面团擀薄，包入馅料。

❼ 将包口收捏成雀笼形。

❽ 均匀排入蒸笼，稍静置松弛，用大火蒸约8分钟至熟即可。

香煎叉烧圆饼

材料

皮： 糯米粉 500 克，澄面、猪油各 100 克，清水 150 毫升，砂糖 100 克

馅： 叉烧馅 150 克

做法

❶ 澄面、糯米粉过筛开窝，加入猪油、砂糖、清水。

❷ 拌至糖溶化，将面粉拌入中间部分，再揉成光滑面团。

❸ 分切成每份约30克的小面团。

❹ 将小面团擀薄。

❺ 然后包入馅料。

❻ 再收口成型。

❼ 均匀排入蒸笼，以大火蒸约8分钟至熟。

❽ 取出放凉后，放入烧热油的平底锅中，煎至底部金黄即可。

制作指导

蒸笼底部可刷上一层油，再放入做好的圆饼，这样饼底不容易粘住蒸笼，或者直接在蒸笼底部垫上纱布，以便取出饼。

煎芝麻圆饼

材料

皮： 糯米粉 500 克，清水 205 毫升，猪油 150 克，澄面 150 克，砂糖 100 克

其他： 莲蓉 100 克，芝麻适量

做法

❶ 清水、砂糖混合加热煮开，加入糯米粉、澄面。

❷ 烫熟后，取出倒在案板上搓匀。

❸ 加入猪油，搓至面团纯滑。

❹ 将面团搓成长条状，分切成每份约30克的小面团。

❺ 莲蓉搓成长条，分切成每份约15克。

❻ 将面团压薄，包入莲蓉。

❼ 将包口收好捏紧。

❽ 压扁后粘上芝麻，用大火蒸约6分钟至熟。

❾ 待凉后用不粘锅煎至呈金黄色即可。

制作指导

在面团粘上芝麻之前，可先沾点水，这样粘上的芝麻不易掉落。也可以刷上少许蜂蜜，味道更加香甜，沾水不要过多，用刷子轻扫一下即可。

燕麦花生包

材料

皮： 低筋面粉 500 克，干酵母 4 克，改良剂 25 克，清水 225 毫升，燕麦粉适量，砂糖 100 克，泡打粉 4 克

馅： 花生馅适量

制作指导

面团醒发好坏与温度有关系，注意盖上保鲜膜后要放置在温暖湿润的地方发酵，这样可以加速发酵的过程，面团会发的又快又好。

做法

❶ 低筋面粉、泡打粉过筛后，与燕麦粉混合开窝。

❷ 加入砂糖、干酵母、改良剂、清水，拌至糖溶化。

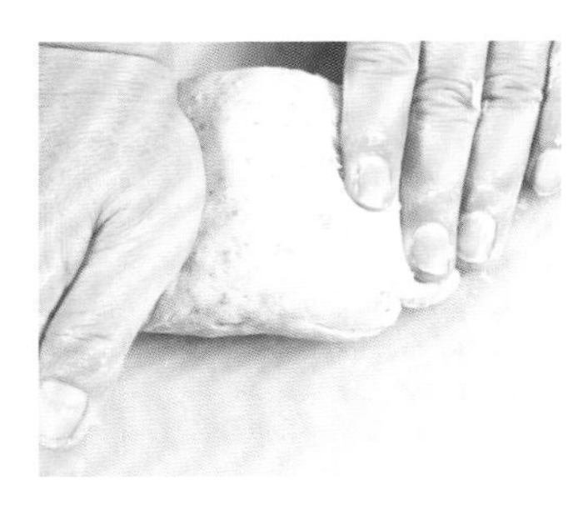

❸ 将面粉拌入中间部分后，搓至面团纯滑。

❹ 用保鲜膜包好，松弛约20分钟。

❺ 将面团搓成长条，分切成每份约30克的小面团。

❻ 将面团压成薄面皮。

❼ 然后包入花生馅，将包口收紧。

❽ 均匀排上蒸笼内，再静置约20分钟，然后用大火蒸约8分钟至熟即可。

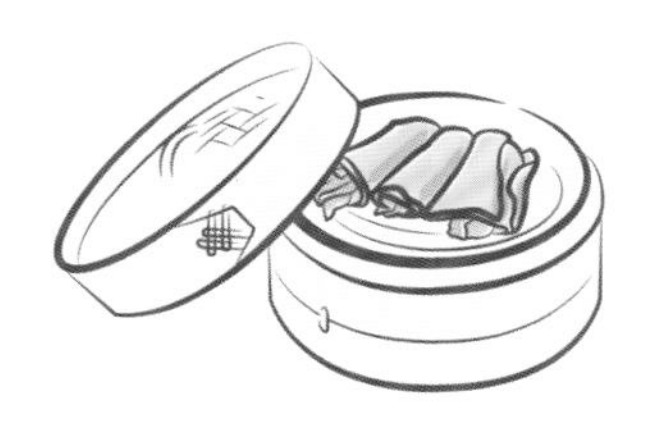

香芋包

材料

皮：低筋面粉 500 克，泡打粉、干酵母各 4 克，改良剂 25 克，砂糖 80 克，香芋色香油 5 毫升

馅：鲮鱼滑适量，香菜碎适量

制作指导

包子排入蒸笼时，可在蒸笼底部稍微刷上一层油，放置时彼此之间要有间隔，如果彼此放得太近，很容易粘在一起。

做法

❶ 低筋面粉、泡打粉过筛后开窝，加入干酵母、改良剂、清水、香芋色香油。

❷ 再加入砂糖拌至糖溶化后，将低筋面粉拌入中间部分。

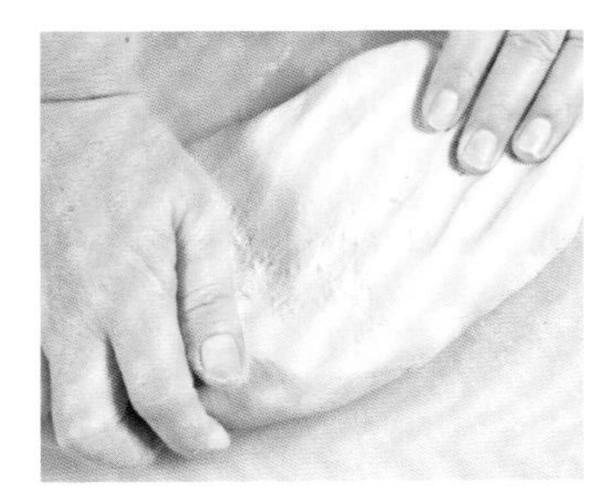

❸ 搓至面团纯滑。

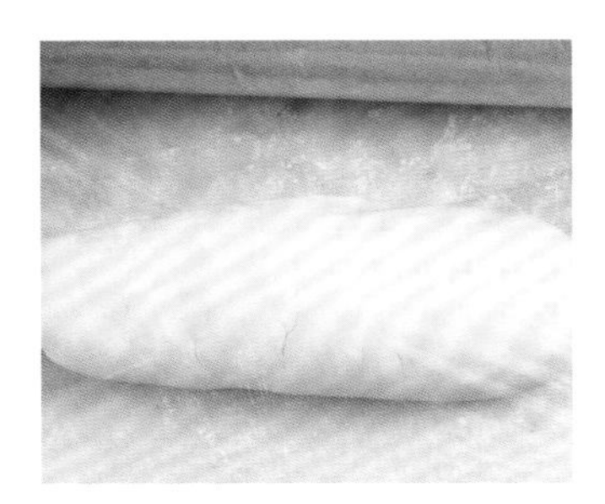

❹ 用保鲜膜包好，稍作松弛。

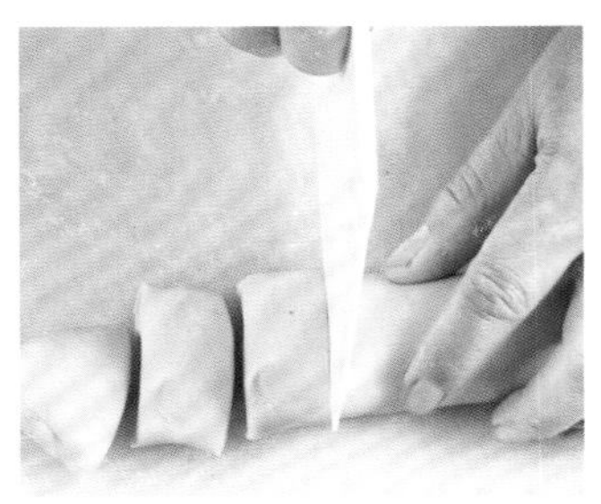

❺ 将面团分切成每份约30克的小面团。

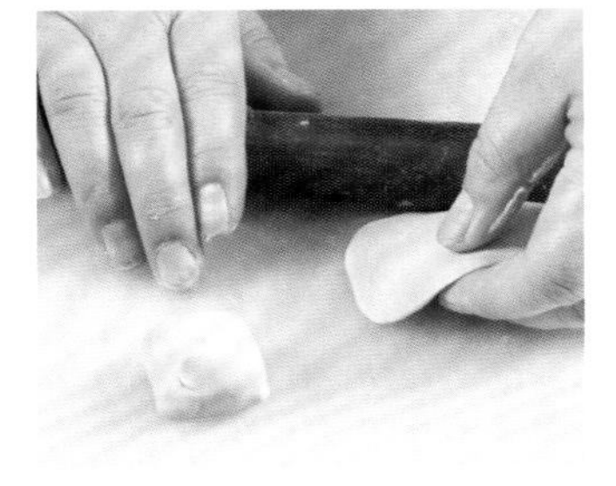

❻ 然后擀成薄皮备用。

❼ 鲮鱼滑与香菜碎混合，搅拌均匀成馅。

❽ 用薄皮包入馅料，将包口收紧捏成雀笼形。

❾ 排入蒸笼内稍静置松弛，用大火蒸约8分钟至熟即可。

鲜虾香菜包

材料

皮：面粉 500 克，砂糖 100 克，泡打粉 15 克，干酵母 5 克，清水 150 毫升，甘笋汁 75 毫升

馅：猪肉 250 克，虾仁 50 克，香菜 100 克，盐 5 克，砂糖 9 克，鸡精 7 克

做法

1. 面粉、泡打粉过筛开窝，加入干酵母、砂糖、甘笋汁、清水。
2. 拌至糖溶化，将面粉拌入中间。
3. 搓至面团纯滑，再用保鲜膜包起来，稍作松弛。
4. 将面团分切成每份约30克的小面团。
5. 猪肉、虾仁切碎，与其余材料混合拌匀成馅。
6. 将小面团擀薄备用。
7. 用薄面皮将馅包入，将收口捏成雀笼形。
8. 均匀排入蒸笼内，稍静置松弛，用大火蒸约8分钟至熟即可。

制作指导

包子蒸之前要盖上保鲜膜再醒发 20~30 分钟，这样其外形和品质都会更好，蒸出来会更加饱满。

金鱼饺

材料

皮： 澄面 350 克，淀粉 150 克，盐 1 克，清水 600 毫升

馅： 虾仁 500 克，肥肉 50 克，盐 5 克，砂糖 15 克，淀粉 13 克，鸡精 10 克，猪油 25 克，

其他： 香菜梗适量

做法

❶清水加盐煮开，加入淀粉、澄面。

❷烫熟后，取出倒在案板上，然后搓匀。

❸搓至面团纯滑。

❹分切成每份约30克的小面团，压薄备用。

❺虾仁、肥肉切碎，与馅料部分其余材料混合，拌匀成馅。

❻用薄皮包入馅料。

❼将包口捏紧成型。

❽排入蒸笼内，用香菜梗装饰，用大火蒸约6分钟至熟即可。

制作指导

清水煮开后倒入面粉时要快速搅拌均匀，拌至无粉粒状，这样面团才会拌得更透。高温烫面无法用手直接揉搓，可以先借助刮板将面团整合，稍凉后再搓匀。

燕麦奶黄包

材料

皮：低筋面粉 500 克，泡打粉 4 克，清水 225 毫升，改良剂 25 克，燕麦粉适量，砂糖 100 克，干酵母 5 克

馅：奶黄馅适量

制作指导

面粉可将清水加热成温水再加入，这样能够帮助面团更好地发酵。但水温不宜超过 40℃，否则会破坏面的筋度，醒发不起来，蒸的时候包子就不会膨松。

做法

❶低筋面粉、泡打粉一起过筛后，与燕麦粉混合开窝。

❷加入砂糖、干酵母、改良剂、清水，拌至砂糖溶化。

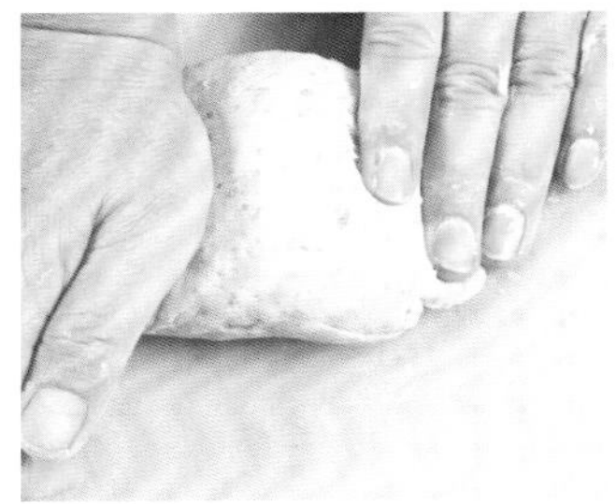

❸将面粉拌入中间部分，搓至面团纯滑。

❹然后用保鲜膜包好，松弛约20分钟。

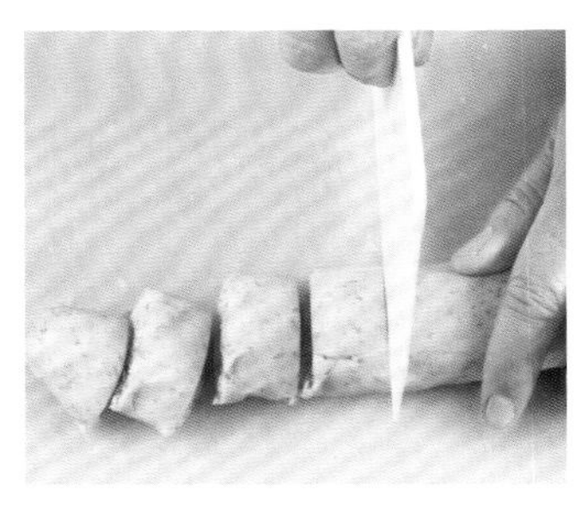

❺将面团搓成长条，分切成每份约30克的小面团。

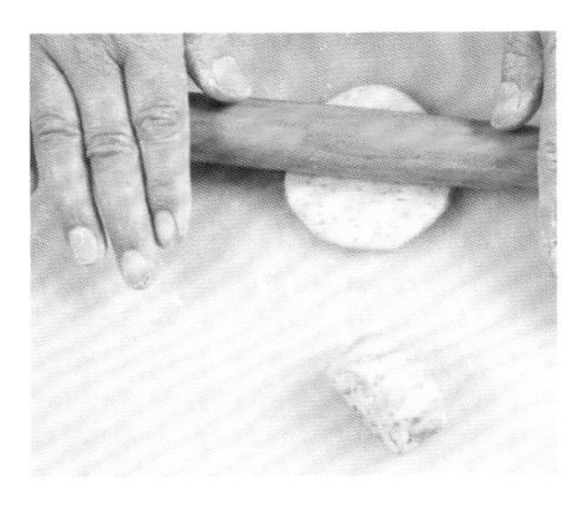

❻将面团压薄成面皮。

❼然后包入奶黄馅，把收口捏紧。

❽均匀排于蒸笼内，再静置松弛约20分钟,用大火蒸约8分钟至熟即可。

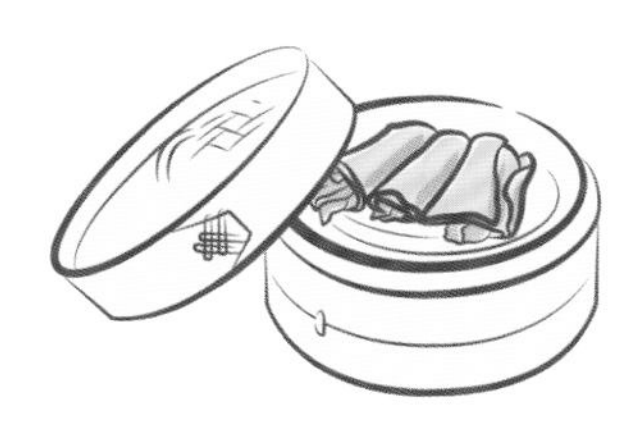

脆皮豆沙饺

材料

皮：糯米粉 500 克，澄面、猪油各 150 克，清水 250 毫升，砂糖 80 克

馅：豆沙 100 克

制作指导

擀面皮时，可以一只手拿擀面杖一只手转动面团，这样擀出来的面皮才会中间厚两边薄，包出来的点心更加好看。

做法

❶清水、砂糖混合，加热煮开，加入糯米粉、澄面。

❷拌至没有粉粒状后，取出倒在案板上。

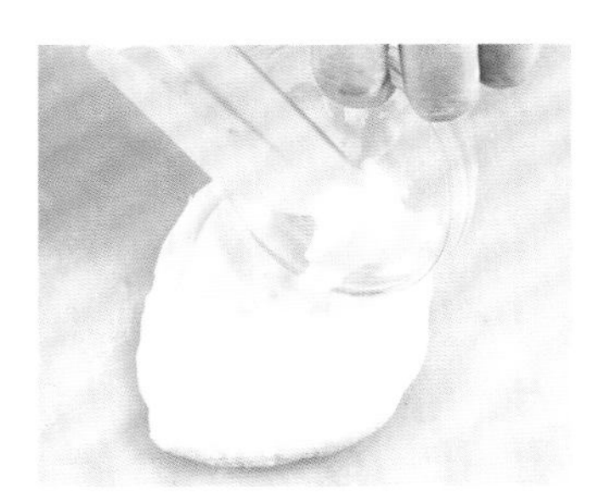

❸拌匀后，加入猪油，再搓至面团纯滑。

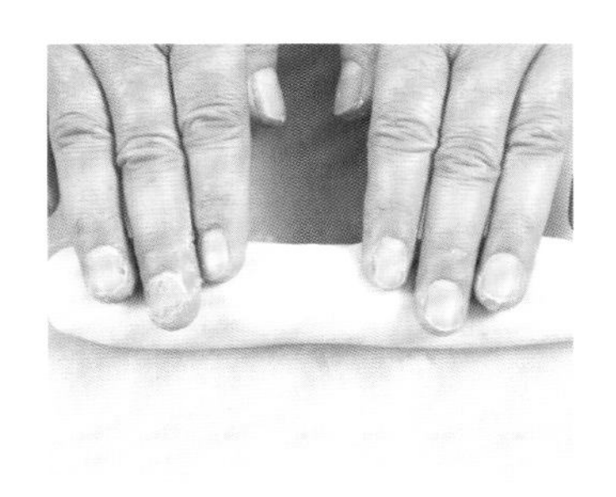

❹将面团搓成长条状。

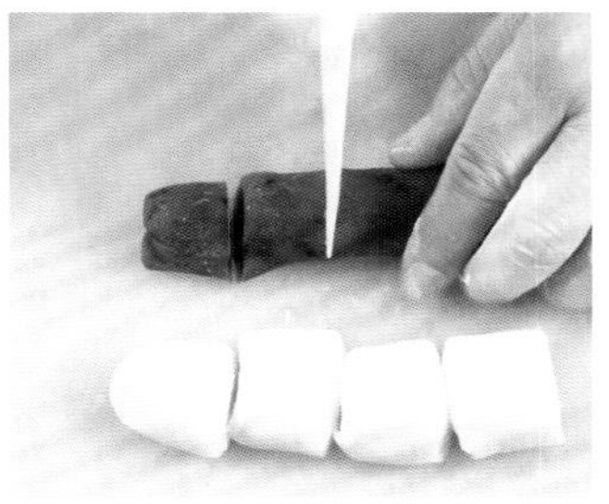

❺将面团、豆沙分别切成每份约30克。

❻将面团擀压成薄皮。

❼将豆沙馅包入，再捏成三角形。

❽静置松弛后，以150℃的油温炸成浅金黄色即可。

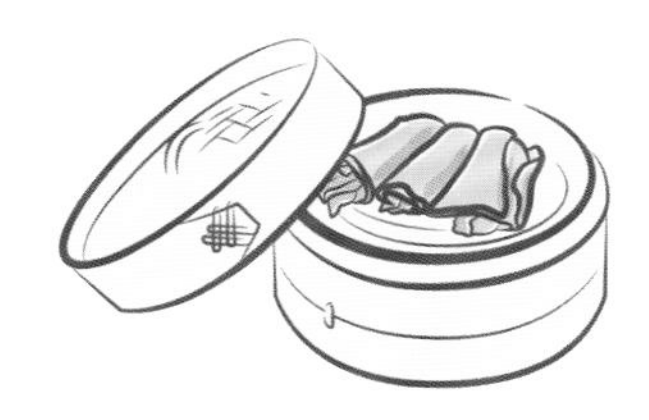

豆沙麻枣

材料

皮：糯米粉 500 克，猪油 150 克，清水 250 毫升，澄面 150 克，砂糖 150 克

其他：豆沙馅 250 克，白芝麻适量

制作指导

炸时要控制好油温，应保持在五成热。若油温过高，会使面皮很快焦化变黑，而内部还没熟；油温过低，面皮吸油厉害，很容易破碎。

做法

❶清水、砂糖混合煮开，加入糯米粉、澄面。

❷烫熟后，取出倒在案板上，搓匀。

❸加入猪油，再搓至面团纯滑。

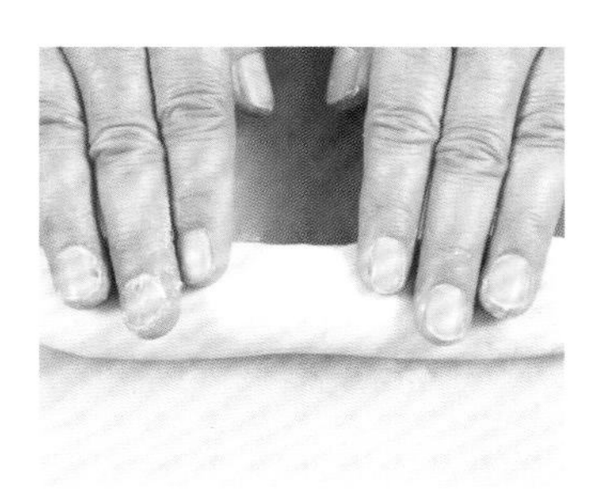

❹然后将面团搓成长条形。

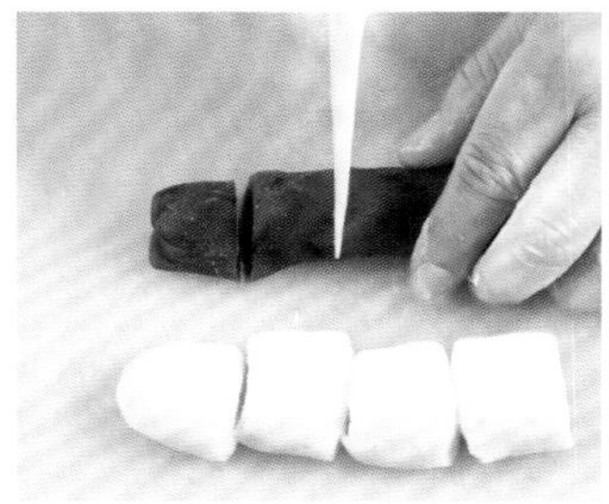

❺将面团、豆沙馅分切成每份约30克的小面团。

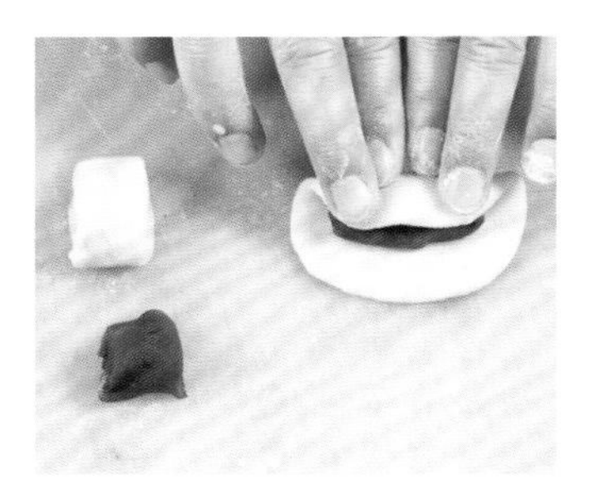

❻将小面团压薄，包入豆沙馅捏成型。

❼然后扫上少许清水，粘上芝麻。

❽以150℃的油温炸至浅金黄色即可。

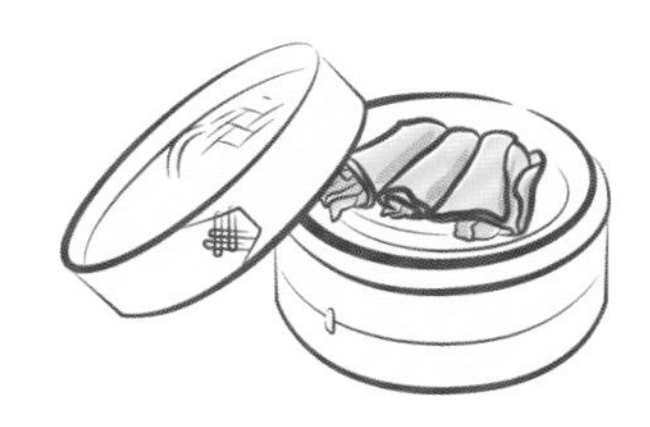

大眼鱼饺

材料

饺子皮100克，玉米粒100克，胡萝卜50克，贡菜、猪肉各150克，蟹黄适量，盐5克，鸡精6克，砂糖9克

制作指导

饺子皮最好用湿布包好，防止被风吹干，否则蒸饺子时包口会裂开。

做法

❶猪肉、胡萝卜、贡菜分别切碎。

❷玉米粒、胡萝卜、猪肉、贡菜混合在一起。

❸加入盐、鸡精、砂糖拌匀即成馅。

❹用饺子皮将馅包入。

❺将收口捏紧成型。

❻均匀排入蒸笼内。

❼放入胡萝卜粒、玉米粒、蟹黄作装饰。

❽再以大火蒸约6分钟至熟即可。

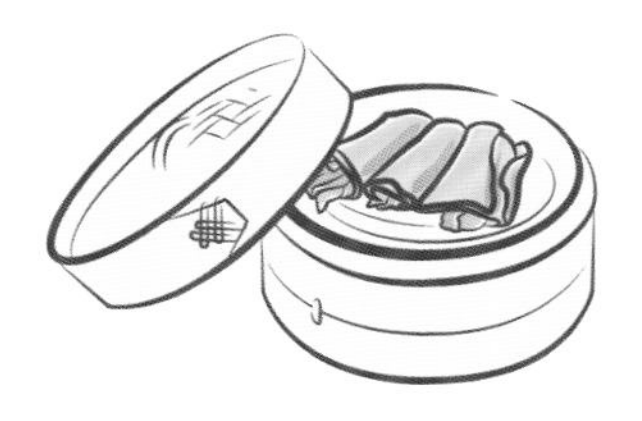

七彩银针粉

材料

澄面 300 克，淀粉 200 克，清水 550 毫升，胡萝卜丝、韭菜段、火腿粒各适量，盐、鸡精、砂糖各少许

做法

❶清水加热煮开，加入澄面、淀粉。
❷澄面烫熟后，取出倒在案板上搓匀。
❸搓至面团纯滑。
❹然后稍作静置松弛。
❺将面团分切成每份约7克的小面团。
❻将小面团搓成两头尖的针形。
❼然后排入碟内。
❽放入蒸笼，以大火蒸约6分钟至熟透。
❾待凉冻后加胡萝卜丝、韭菜段、火腿粒一起入油锅翻炒，加盐、鸡精、砂糖调味即可。

制作指导

炒银针粉时宜选用不粘锅，油锅充分烧热后再炒，这样不仅能防止粘锅，还可缩短炒的时间。

PART 2

中级入门篇

恭喜你已经通过了初级中点入门，制作较为简单的中点对你来说已经没什么困难了。那么有没有想过做更多花样的中点呢？本部分介绍的这些中点，在初级的难度上上升了一点，赶快来实践一下吧。

水晶叉烧盏

材料

皮：澄面 100 克，淀粉 400 克，热水约 550 毫升

馅：栗粉 50 克，清水 1000 毫升，盐 8 克，砂糖 10 克，鸡精 7 克，蚝油 15 毫升，面粉 100 克，叉烧馅 250 克

制作指导

使用烫面做出来的点心晶莹剔透，从表皮就可以直接看到馅料；擀皮时力道要控制好，擀成中间厚、四周薄；叉烧盏收口时可旋转着捏紧，使收口呈螺旋状。

做法

❶ 将澄面、淀粉、热水混合烫熟。

❷ 取出，倒在桌子上。

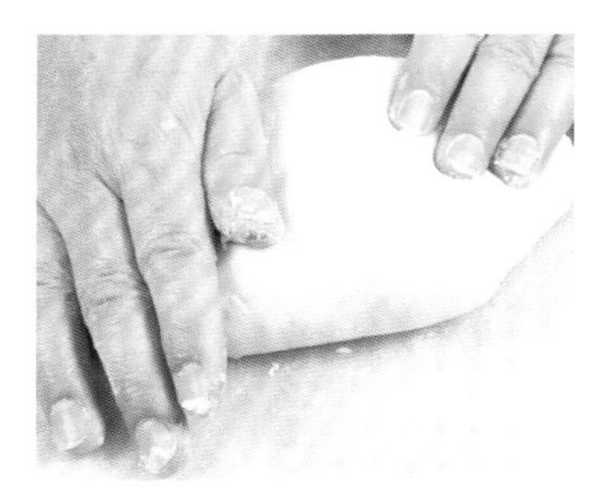

❸ 搓揉至面团纯滑。

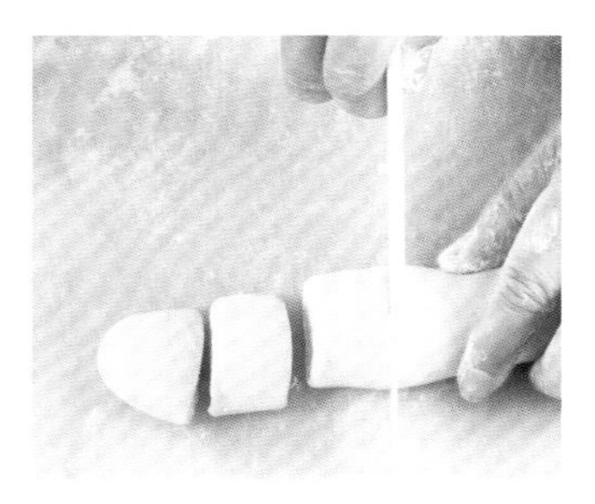

❹ 搓成长条状，分切成每份约30克的小面团。

❺ 将面团擀成圆薄形面皮。

❻ 将馅部分的所有材料混合拌匀，用面皮包入馅料。

❼ 收口捏紧，然后放入锡模具内。

❽ 放入蒸笼内稍松弛，用大火蒸约8分钟至熟即可。

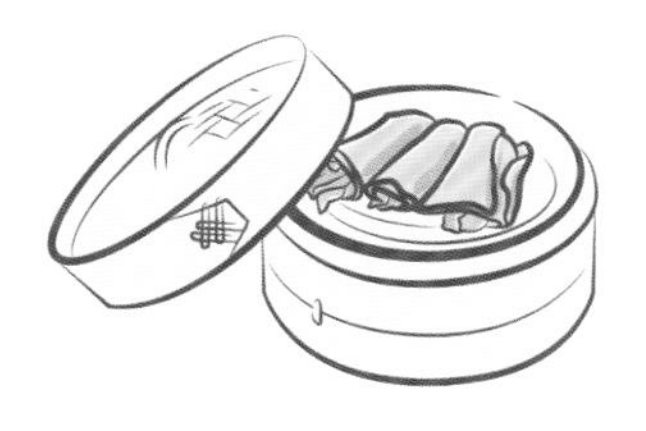

凤凰丝烧麦

材料

皮：云吞皮（黄色）或烧卖皮 100 克，鸡蛋丝 5 克，蟹黄（或蛋黄）适量

馅：瘦肉 400 克，肥肉、鲜虾仁各 100 克，盐 10 克，砂糖 20 克，香油 10 毫升，鸡精适量，胡椒粉 2.5 克，淀粉适量

制作指导

包烧麦时把面皮垫在掌心，再放入馅料，托面皮的五指并拢捏紧，捏一个瓶颈口，这样捏出来的造型才好看。

做法

❶ 瘦肉、肥肉切成碎蓉；鲜虾仁加入盐、砂糖、鸡精拌透，与肉蓉混合。

❷ 然后加入淀粉拌匀。

❸ 再加入香油、胡椒粉拌匀，即成馅料。

❹ 用云吞皮将馅包入。

❺ 将面皮收起捏成细腰形。

❻ 排入蒸笼内。

❼ 把鸡蛋丝放在顶部。

❽ 用蟹黄或蛋黄作装饰，用大火蒸约8分钟至熟即可。

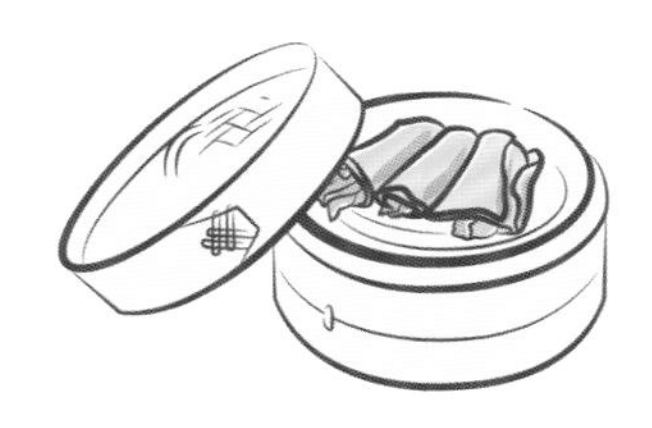

燕麦杏仁卷

材料

面粉 200 克，干酵母 4 克，燕麦粉 50 克，清水 250 毫升，改良剂 2.5 克，泡打粉 20 克，杏仁片 100 克，砂糖 50 克

做法

1. 面粉和燕麦粉混合开窝，加入砂糖、干酵母、清水、改良剂、泡打粉。
2. 拌至糖溶化后将面粉拌入中间，搓至面团纯滑。
3. 用保鲜膜包好面团，松弛备用。
4. 将松弛好的面团擀开。
5. 杏仁片撒在中间铺平。
6. 再把面团卷起成长条状。
7. 分切成每份约45克。
8. 放上蒸笼稍微松弛，再用大火蒸约8分钟至熟即可。

制作指导

面团卷成条时要卷紧，收口处也要捏紧，以免杏仁漏出。

洋葱鸡粒酥盒

材料

洋葱 50 克，鸡肉 25 克，面团、酥面各 100 克，盐 3 克，味精 2 克，白糖 5 克，鸡蛋黄 1 个，食用油适量

做法

1. 洋葱去皮，洗净切粒；鸡肉切粒。
2. 锅中注油烧热，放入鸡肉、洋葱炒香，调入盐、味精、白糖炒匀盛出。
3. 取一张酥皮，放入炒好的馅料。
4. 再取一张酥皮，对齐盖在馅料上。
5. 用圆形模具将做好的酥盒轻压一下。
6. 均匀扫上一层蛋黄液。
7. 放入烤箱中用上火200℃、下火150℃的炉温烤10分钟。
8. 取出装盘即可。

制作指导

炒洋葱、鸡肉时若用牛油炒，味道会更香。

千层姜汁糕

材料

马蹄粉 250 克，淀粉 50 克，清水 1250 毫升，生姜汁 25 毫升，牛奶 100 毫升，植物油少许，砂糖 80 克

做法

1. 牛奶加入清水中拌匀。
2. 再加入淀粉拌匀。
3. 然后加入马蹄粉拌匀。
4. 加入生姜汁拌匀，备用。
5. 方盘扫上植物油。
6. 将拌好的面糊倒入少许。
7. 然后烫平。
8. 以大火蒸约4分钟至熟，取出稍微晾凉，加入面糊再蒸，反复多次即成。

制作指导

方盘底和四壁都要扫上油，以免面糊粘在方盘上，不易取出。

上汤香葱粉果

材料

皮：糯米粉 25 克，小苏打 5 克，澄面 250 克，热水 300 毫升

馅：胡萝卜粒、冬菇粒各 50 克，虾米 20 克，盐 3 克，香芹粒 100 克，瘦肉粒 150 克，鸡精 4 克，砂糖 5 克，香油 10 毫升，淀粉少许

其他：高汤 200 毫升，葱丝、胡萝卜丝各少许

制作指导

面粉要用沸水烫透烫熟，并且要揉匀揉透，直至光滑不粘手；想要饺子中汤汁多，可以采用五花肉馅料，再加入适量蛋清，馅料会更加鲜嫩。

做法

❶ 糯米粉、小苏打、澄面、热水混合拌匀。

❷ 取出倒在案板上，搓至面团纯滑。

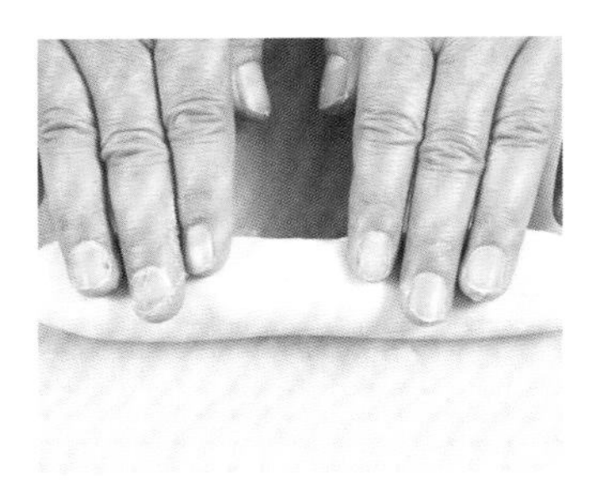

❸ 然后搓成长条状。

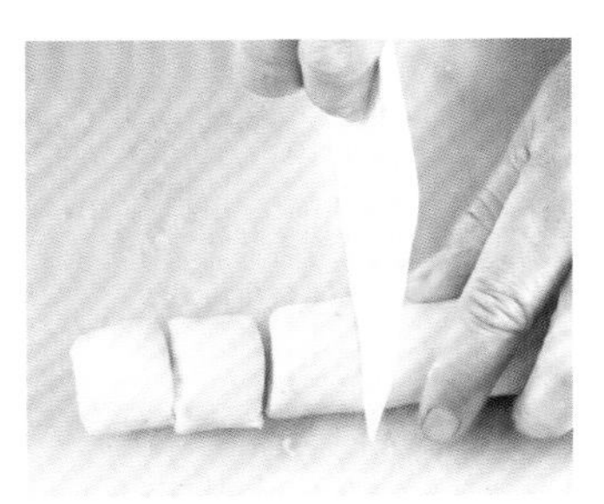

❹ 分切成每份约30克的小面团。

❺ 将小面团擀成圆薄皮。

❻ 将瘦肉粒、盐、鸡精、砂糖、香油混合拌匀。

❼ 再倒入胡萝卜粒、虾米、香芹粒、冬菇粒，混合拌匀成馅。

❽ 用面皮包入馅料，对折收口，捏紧成饺子形。

❾ 将其入油锅中炸熟，放入高汤中，放点葱丝、胡萝卜丝装饰即可。

香煎玉米饼

材料

皮：澄面 100 克，糯米粉 250 克，清水 250 毫升

馅：玉米粒 200 克，马蹄肉 100 克，盐 3 克，胡萝卜 30 克，猪肉 150 克，淀粉 25 克，猪油 5 克，香油少许，砂糖 7 克，鸡精适量

制作指导

煎玉米饼时，油不能超过七成热，煎制时间一般为 10 分钟，同时还应经常移动饼的位置使其受热均匀，防止出现焦糊和生熟不均匀的现象。

做法

❶清水煮开，加入澄面、糯米粉。

❷烫至没有粉粒状后，取出倒在案板上。

❸然后搓匀至面团纯滑。

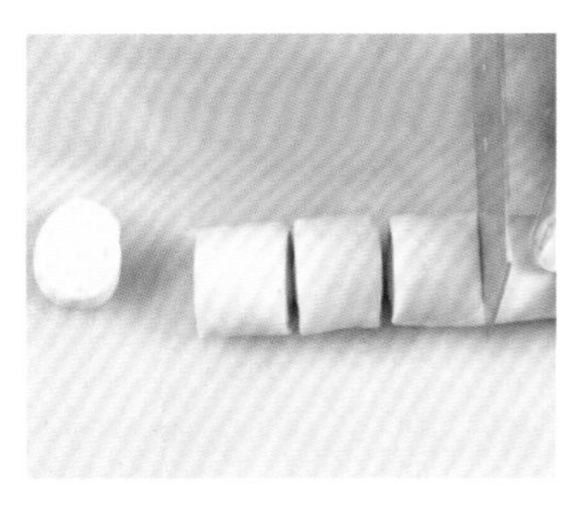

❹将面团搓成长条状，分切成每份约30克的小面团，压薄备用。

❺将玉米粒、马蹄肉、胡萝卜、猪肉切碎，与馅料部分的其余材料拌匀成馅。

❻用薄皮将馅包入。

❼将口收紧捏实。

❽放入蒸笼以大火蒸约8分钟，取出晾凉，用平底锅将其煎成浅金黄色即可。

螺旋葱花卷

材料

皮：面粉 500 克，水 250 毫升，泡打粉 8 克，干酵母 5 克，砂糖 100 克，桑叶水 5 毫升

馅：猪肉 100 克，葱 50 克，鸡精 3 克，马蹄肉 20 克，盐 1.5 克，砂糖 4 克，淀粉、香油各少许，胡椒粉 1 克

做法

1. 面粉、泡打粉混合过筛，开窝，加入干酵母、砂糖、清水。
2. 待糖拌溶化后，将面粉拌入中间。
3. 拌至面团纯滑后，用保鲜膜包好，松弛备用。
4. 将面团分成两份，其中一份加入桑叶水搓透。
5. 将两份面团均擀薄成薄皮，然后将两份薄皮重叠。
6. 再卷起成长条状，分切成每份约30克的薄坯，再擀成圆皮。
7. 将猪肉、葱、马蹄肉切碎，与馅部分的其余材料混合成馅。
8. 用薄皮包入馅料捏成形，放入蒸笼，静置松弛后，用大火蒸约8分钟至熟即可。

制作指导

面皮擀成约 5 毫米厚即可。

大发糕

材料

面粉 250 克，鸡蛋 250 克，泡打粉 10 克，砂糖 200 克

做法

1. 鸡蛋磕破，倒入盘中。
2. 加入砂糖搅拌。
3. 先慢后快拌打。
4. 用刮板加入泡打粉，打匀。
5. 用刮板加入面粉，拌匀。
6. 慢慢搅拌。
7. 直至没有粉粒状。
8. 将面糊倒入已垫油纸的蒸笼中抹平，用大火蒸约12分钟至熟透后，凉冻分切即可。

制作指导

在蒸大发糕过程中不可打开锅盖，否则蒸汽散出，会使发糕发不起来。

燕麦葱花卷

材料

低筋面粉 500 克，泡打粉 4 克，燕麦粉适量，干酵母 4 克，改良剂 2.5 克，清水 225 毫升，葱花适量，砂糖 100 克，盐、植物油各适量

做法

1. 面粉、泡打粉过筛与燕麦粉混合开窝。
2. 加入砂糖、干酵母、改良剂、清水拌至糖溶化，将面粉拌入中间，搓至面团纯滑。
3. 用保鲜膜盖好面团，静置松弛约20分钟。
4. 将面团用擀面杖压薄，然后扫上植物油。
5. 撒上葱花和少许盐，然后将面皮包起。
6. 压实后用刀切成长条，搓成麻花状，每两条卷起成型。
7. 排于蒸笼内，静置松弛约20分钟。
8. 然后用大火蒸约8分钟至熟即可。

制作指导

葱花加点油拌匀，可防止葱花蒸后变颜色。

炸莲蓉芝麻饼

材料

皮：干酵母 4 克，砂糖 100 克，泡打粉 4 克，改良剂 25 克，低筋面粉 500 克，清水适量

馅：芝麻、莲蓉各适量

制作指导

芝麻饼放进油锅后，用锅盖略盖一下，能减少油与空气的接触，减少热氧化。

做法

❶ 低筋面粉、泡打粉混合开窝，加入砂糖、干酵母、改良剂、清水。

❷ 拌至糖溶化，将面粉拌入中间，搓匀。

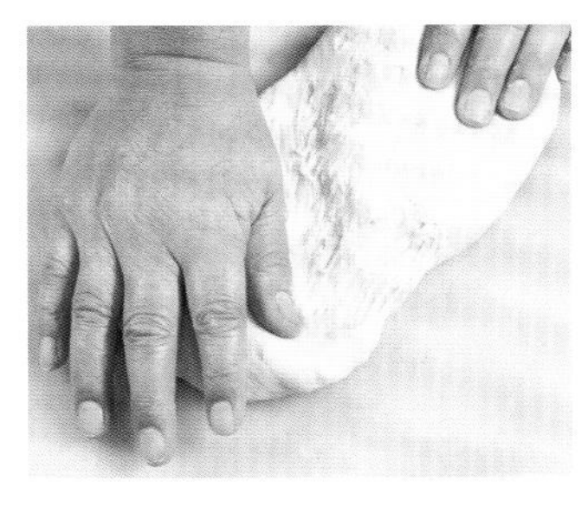

❸ 搓至面团纯滑。

❹ 用保鲜膜包好面团，静置松弛。

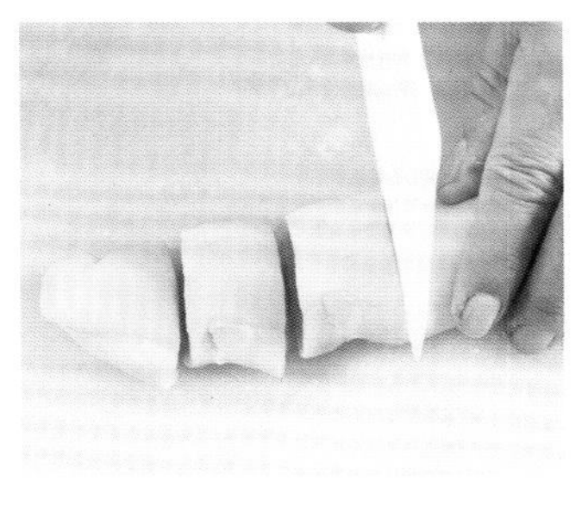

❺ 将面团分切成每份约30克，压薄备用。

❻ 莲蓉与少许芝麻混合成芝麻莲蓉馅。

❼ 用面皮包入馅料，将包口捏紧后再粘上芝麻。

❽ 然后用手压成小圆饼形。

❾ 放入蒸笼，用大火蒸熟，等凉冻后再以150℃的油温炸至浅金黄色即可。

芝麻酥饼

材料

普通面粉 500 克，全蛋液 50 克，砂糖 50 克，猪油 25 克，清水 150 毫升，奶黄馅 250 克，芝麻适量

制作指导

面皮包入馅料后，注意包口要捏紧，以避免烘烤时皮破馅露。

做法

❶面粉过筛开窝，加入砂糖、猪油、全蛋液、清水，拌至糖溶化。

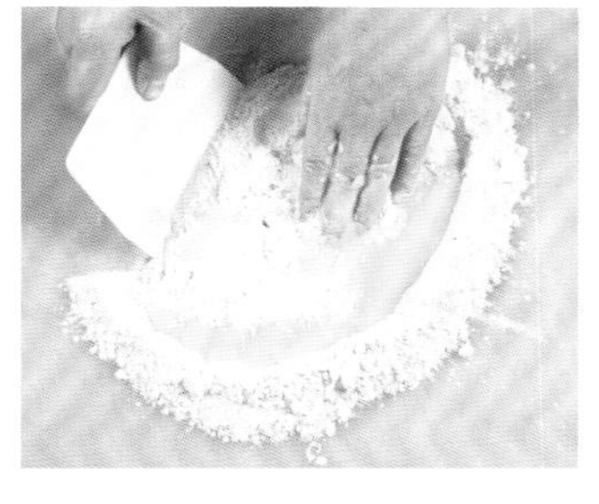

❷将面粉拌入中间，搓匀。

❸搓至面团纯滑，用保鲜膜包好，松弛30分钟。

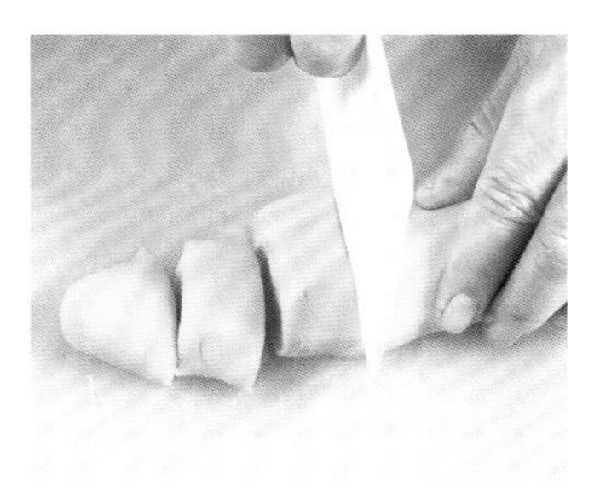

❹将面团分切成每份约30克的小面团。

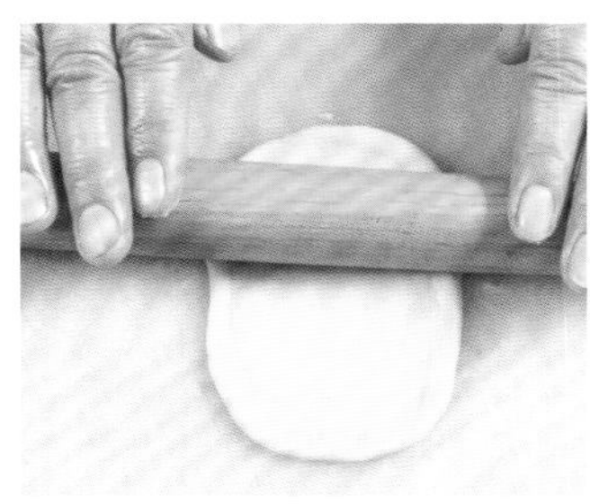

❺将面团擀成薄皮。

❻中间放入奶黄馅。

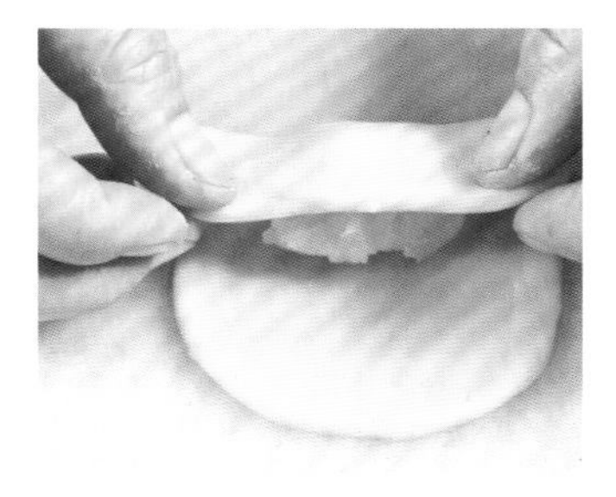

❼面皮卷起，将收口捏紧。

❽然后在表面扫上少许清水，粘上芝麻。

❾均匀排于烤盘内，入炉以上火180℃、下火140℃烘烤15分钟，熟透即可。

香葱烧饼

材料

皮：普通面粉 500 克，清水 250 毫升，泡打粉 15 克，干酵母 5 克，砂糖 100 克

馅：牛油 10 克，鸡精 10 克，葱 200 克

其他：芝麻适量

做法

❶ 面粉、泡打粉混合过筛开窝，加入砂糖、干酵母、清水。

❷ 搅拌至糖溶化，然后将面粉拌入中间。

❸ 揉搓成光滑面团，再用保鲜膜包好，稍作松弛。

❹ 将葱切碎，与牛油、鸡精拌匀。

❺ 将面团擀薄，并抹上葱花馅。

❻ 卷成长条状，分切成每份约40克的小面团。

❼ 在面团上扫上清水。

❽ 粘上芝麻，放入烤盘，以上火180℃、下火150℃烤15分钟，至金黄色即可。

制作指导

清水不需要太多，将表面沾湿，能粘住芝麻即可。

冬瓜蓉酥

材料

冬瓜条 50 克，面粉、酥面各 100 克，蛋黄液 50 克，清水适量

做法

1. 冬瓜条切成蓉。
2. 面粉、酥面加清水拌匀，搓成纯滑面团。
3. 将面团搓成长条，分切成每份约30克。
4. 将小面团压薄，包入冬瓜蓉。
5. 将边缘向中间折起，捏紧。
6. 搓成圆形。
7. 均匀扫上一层蛋黄液。
8. 放入烤箱中，用上火200℃、下火150℃的炉温烤10分钟即可。

制作指导

冬瓜要煮（蒸）得够软，一捏即碎最好；冬瓜蓉一定要切得足够碎，口感才好。

生肉包

材料

皮：面粉 500 克，清水 250 毫升，泡打粉 15 克，干酵母 5 克，砂糖 80 克

馅：猪肉碎 500 克，盐 6 克，砂糖 10 克，鸡精 7 克，葱 30 克

做法

1. 面粉、泡打粉混合过筛开窝，加入干酵母、砂糖、清水，拌至糖溶化。
2. 将面粉拌入中间搓匀，再搓至面团纯滑。
3. 用保鲜膜包起，稍作松弛。
4. 将面团切成每份约30克的小面团，压薄。
5. 猪肉碎加入馅料部分其余材料拌匀成馅。
6. 用面皮包入馅料，收口捏成雀笼形。
7. 排入蒸笼，大火蒸8分钟至熟即可。

制作指导

拌面粉时，要由内至外徐徐搅拌，这样面团才能细腻而柔软。

叉烧餐包

材料

皮：普通面粉 500 克，全蛋液 50 克，清水 250 毫升，干酵母 5 克，砂糖 50 克，牛油 30 克

馅：叉烧馅适量

制作指导

面团切记不要发酵过度，若是天气比较寒冷可借助阳光，或者把面团隔空放在一锅温水上面，可以加速发酵的过程。

做法

❶ 面粉过筛后开窝，加入砂糖、干酵母、全蛋液、清水。

❷ 拌至砂糖完全溶化，将面粉拌入中间搓匀。

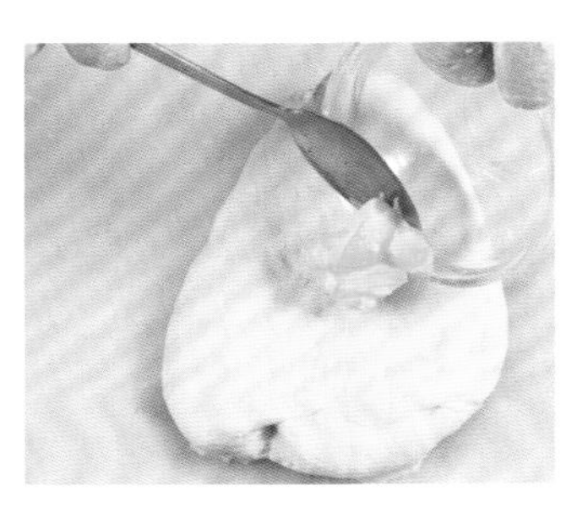

❸ 加入牛油再次拌匀。

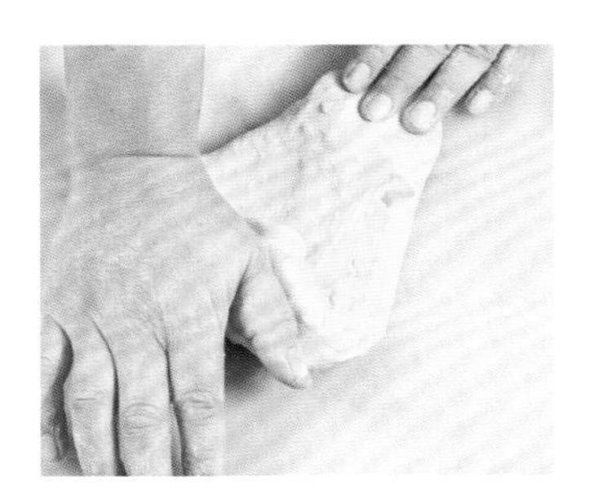

❹ 搓至面团纯滑。

❺ 用保鲜膜包好，松弛约20分钟。

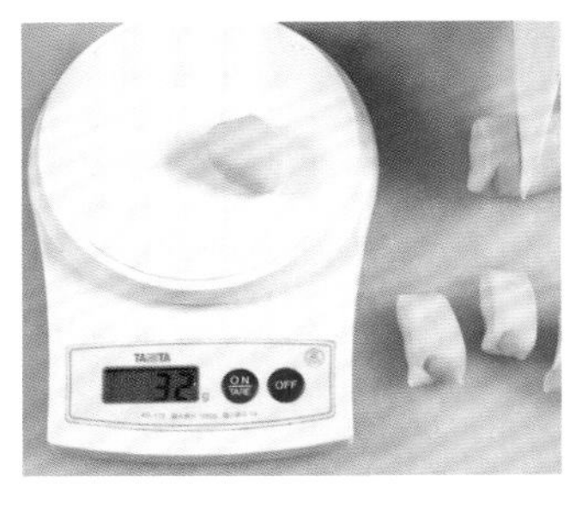

❻ 再分切成每份约30克的小面团。

❼ 然后用面皮包入叉烧馅，将包口捏紧，排入烤盘内，静置松弛片刻。

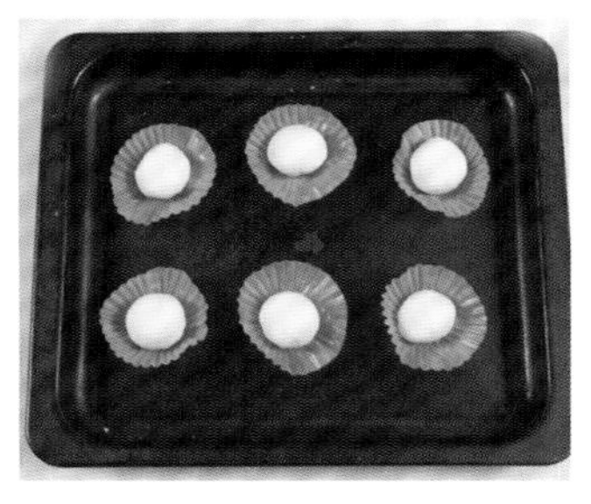

❽ 待包坯表面光滑后，入炉以上火180℃、下火160℃烘烤15分钟，出炉即可。

金字塔饺

材料

皮： 澄面 50 克，淀粉 200 克，清水 250 毫升
馅： 韭菜、猪肉各 100 克，鸡精、砂糖各 8 克，香油、胡椒粉各少许，马蹄肉 25 克，盐 3 克
其他： 蟹黄（或咸蛋黄）适量

制作指导

掌握好水量，倒入面粉时，边搅边倒，水与面粉的比例为 3:2.5 或 3:2.8，面和得偏软一点为好。

做法

❶ 清水加热煮开，加入淀粉、澄面。

❷ 待烫熟后，取出倒在案板上。

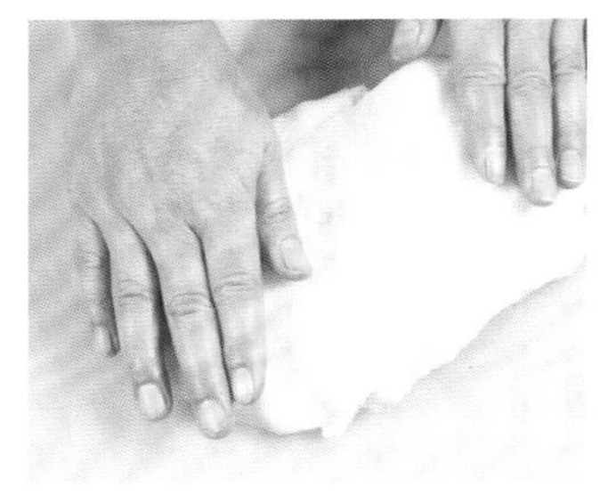

❸ 搓至面团纯滑。

❹ 将面团分切成每份约30克的小面团，压薄备用。

❺ 韭菜、猪肉、马蹄肉切碎，与馅料部分的其余材料混合，拌匀成馅。

❻ 用薄皮包入馅料。

❼ 收口捏紧成型。

❽ 排入蒸笼，用蟹黄或咸蛋黄装饰，用大火蒸约6分钟至熟即可。

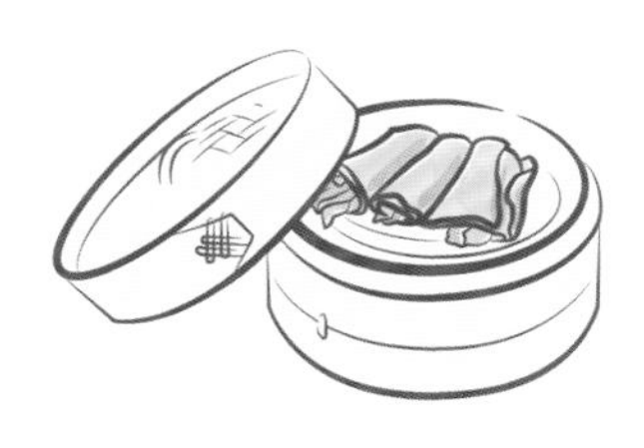

蛋黄莲蓉酥

材料

油酥皮 80 克，咸蛋黄 4 个，莲蓉 40 克，全蛋液 15 克，芝麻适量

做法

1. 将莲蓉搓成条状，切成每份约10克的莲蓉团。
2. 将莲蓉按扁，包入咸蛋黄。
3. 取一张油酥皮，放入莲蓉馅。
4. 包起，捏紧收口。
5. 刷上一层全蛋液，粘上芝麻。
6. 放入烤箱中。
7. 以上火180℃、下火170℃的炉温烤25分钟至熟。
8. 取出摆盘即可。

制作指导

刷蛋液一定要刷均匀，刷两层蛋液，烤出来的点心颜色会更漂亮。撒芝麻时，可以稍微按压一下，让芝麻粘得更加牢固。

鼠尾斋包

材料

皮：普通面粉 500 克，砂糖 100 克，泡打粉 10 克，干酵母 5 克，清水 250 毫升

馅：小白菜 100 克，胡萝卜、老冬菇、木耳、洋葱各 50 克，盐 5 克，砂糖 8 克，鸡精 7 克，淀粉 10 克

做法

1. 面粉开窝，加入砂糖、泡打粉、干酵母、清水，拌至糖溶化后，将面粉拌入中间。
2. 搓至面团纯滑，用保鲜膜包好，稍作松弛，将面团分成每份约30克的小面团。
3. 将面团擀薄成圆薄形面皮。
4. 馅部分的蔬菜切碎，与其余调料拌成馅。
5. 用面皮包入馅料，收口捏紧。
6. 排入蒸笼内，以大火蒸约8分钟至熟即可。

制作指导

收口时可捏合出螺旋状纹路。

鸳鸯芝麻酥

材料

皮：普通面粉 500 克，全蛋液、砂糖、猪油各 35 克，清水 150 毫升

馅：猪肉 200 克，香菜、马蹄肉各 20 克，盐、胡椒粉各 2 克，砂糖、鸡精、淀粉各 8 克

其他：芝麻适量

做法

1. 面粉开窝，加入砂糖、猪油、全蛋液、清水拌至糖溶化，将面粉拌入中间搓匀。
2. 搓至面团纯滑，用保鲜膜包好，稍作松弛；再分切成每份约30克，擀成面皮。
3. 猪肉、香菜、马蹄肉切碎，与馅部分的其余材料拌匀成馅；用皮包馅，收口捏紧。
4. 粘上芝麻，以150℃的油温炸至浅金黄色即可。

制作指导

饼坯的一面用 2 滴水抹匀，再粘芝麻。

菠菜玉米包

材料

皮：普通面粉 500 克，清水 200 毫升，砂糖 100 克，泡打粉 15 克，干酵母 5 克，菠菜汁 50 毫升

馅：猪肉 200 克，玉米粒 50 克，盐、鸡精各 2 克，砂糖 8 克，植物油 10 毫升，淀粉少许

制作指导

和面时可以加少许色拉油，能够让面皮更柔软，而且不易粘手；也可以将菠菜汁换成其他果蔬汁，做成多种色彩的包子。

做法

❶面粉、泡打粉混合过筛后开窝，加入砂糖、干酵母、清水，拌至糖溶化。

❷将面粉拌入中间，搓成面团。

❸加入菠菜汁，搓至面团纯滑。

❹用保鲜膜包好面团，稍作松弛。

❺猪肉、玉米粒切碎，与馅部分的其余材料拌匀。

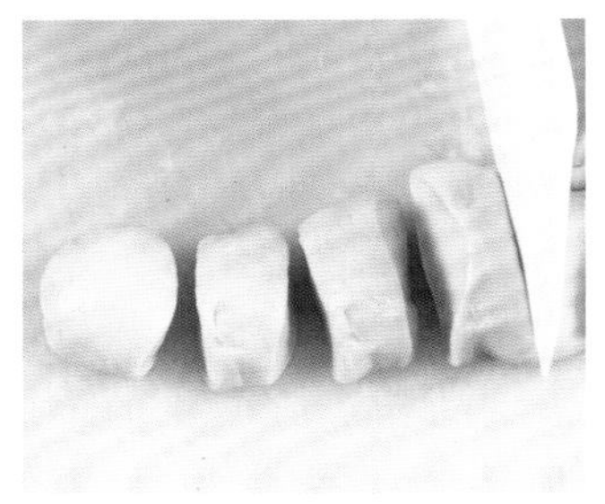

❻将面团分切成每份约30克的小面团，压薄备用。

❼用面皮将馅料包入，收口捏紧。

❽排入蒸笼内，稍作静置松弛，然后用大火蒸约8分钟至熟透即可。

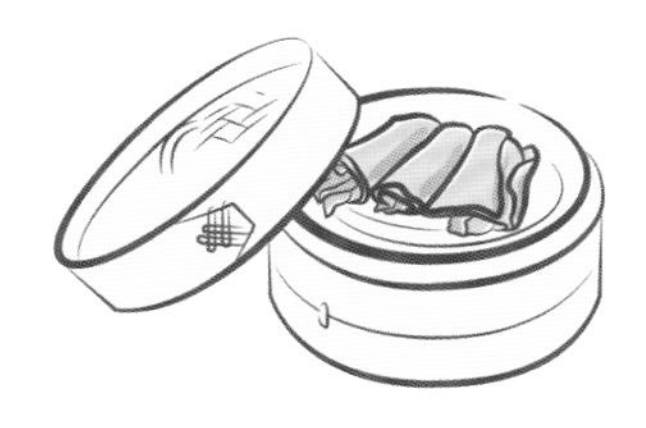

核桃果

材料

澄面 250 克，砂糖、淀粉各 75 克，猪油 50 克，清水 250 毫升，莲蓉馅 100 克，可可粉 10 克

制作指导

将分切好的面团压成圆薄片时，要边压边包，以免面皮被风吹干，包馅时容易破裂。

做法

❶水、砂糖混合加热煮开，加入可可粉、淀粉、澄面。

❷烫熟后，倒在案板上，搓匀后加入猪油。

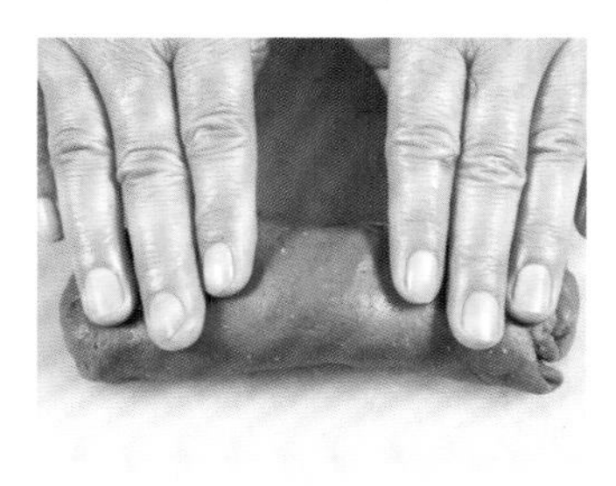

❸再搓至面团纯滑。

❹将面团切成每份约30克，莲蓉分切成每份约15克。

❺将小面团压薄，包入馅料，将包口捏紧。

❻用刮板在中间轻压。

❼再用车轮钳捏成核桃形状。

❽排入蒸笼，用大火蒸约10分钟至熟即可。

螺旋香芋酥

材料

皮：普通面粉 400 克，砂糖 20 克，清水 200 毫升，猪油 40 克，全蛋液 50 克，香芋色香油适量

油心：牛油、猪油各 100 克，面粉、莲蓉、香芋色香油各适量

做法

1. 面粉开窝，加入砂糖、猪油、全蛋液和清水。
2. 拌至糖溶化，加入香芋色香油。
3. 将面粉拌入中间，搓至面团纯滑，用保鲜膜包好，稍作松弛备用。
4. 将油心部分除莲蓉、香芋色香油外的其他材料拌匀，加入香芋色香油搓至纯滑。
5. 面团与油心按3:2的比例分成小份，用面皮包入油心，卷起成长条状。
6. 将长条状酥皮擀薄卷起，分切成两半，擀压成薄酥皮。
7. 将莲蓉包入，捏紧收口。
8. 排入烤盘，入炉以上火170℃、下火140℃烘烤13分钟，熟透后出炉即可。

制作指导

没有用到的面团和先做好的香芋酥最好盖在湿毛巾下。

燕麦玉米鼠包

材料

皮：普通面粉 400 克，燕麦粉 100 克，泡打粉 1 克，干酵母 5 克，清水 200 毫升，砂糖 100 克，改良剂 25 克

馅：淀粉 10 克，胡萝卜、木耳、洋葱各 50 克，玉米粒 150 克，砂糖、鸡精各 7 克

做法

1. 面粉、燕麦粉混合开窝，加入泡打粉、干酵母、清水、砂糖、改良剂，拌至糖溶化后，将面粉拌入中间，搓成纯滑面团。
2. 稍作松弛，分割成每份约30克的小面团。
3. 将面团擀成圆薄皮。
4. 馅料部分的蔬菜切碎，和其他调料一起拌匀；用面皮包入馅料，捏出形状。
5. 放入蒸笼内，用大火蒸约8分钟至熟即可。

制作指导

擀面皮时注意擀成中间厚四周薄。

燕麦菜心包

材料

皮：低筋面粉 500 克，全麦粉、砂糖各 100 克，清水 225 毫升，泡打粉、干酵母各 4 克，改良剂 25 克

馅：菜心碎、猪肉碎各 100 克，盐 3 克，鸡精 2 克，玉米淀粉 10 克

做法

1. 低筋面粉、全麦粉混合开窝，加入砂糖、清水、泡打粉、干酵母、改良剂；拌至糖溶化，将面粉拌入中间，搓成纯滑面团。
2. 稍作醒发，分成每份约30克，擀成薄皮。
3. 馅部分的所有材料混合拌匀，用面皮包入馅料，将收口捏紧。
4. 排入蒸笼，稍作松弛，用大火蒸约8分钟至熟即可。

制作指导

菜心配合肉馅，口感更加滑软香甜。

甘笋流沙包

材料

皮： 普通面粉500克，砂糖100克，泡打粉1.5克，干酵母5克，清水150毫升，甘笋汁适量

馅： 熟咸蛋黄5个，奶粉50克，粟粉70克，植物油50毫升，砂糖80克

制作指导

面团很软很容易揉，应尽量将面团揉得光滑均匀无粉粒，这样做出来的包子会更加圆润饱满。

做法

❶ 面粉、泡打粉混合过筛后开窝，加入砂糖、干酵母、清水。

❷ 加入打成泥糊状的甘笋汁，将糖拌溶化。

❸ 将面粉拌入中间，然后搓至面团纯滑。

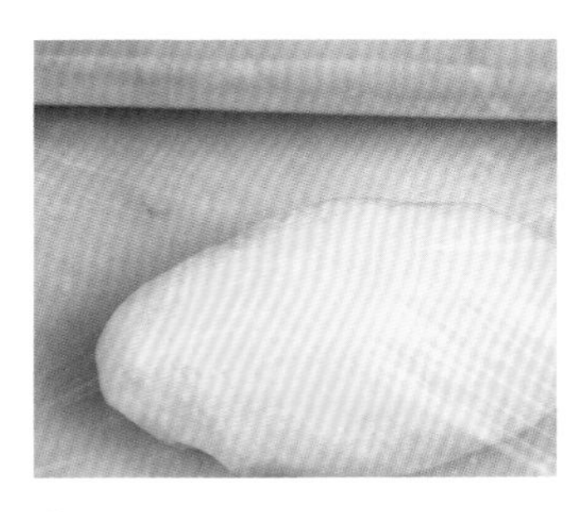

❹ 用保鲜膜包好面团，稍作松弛。

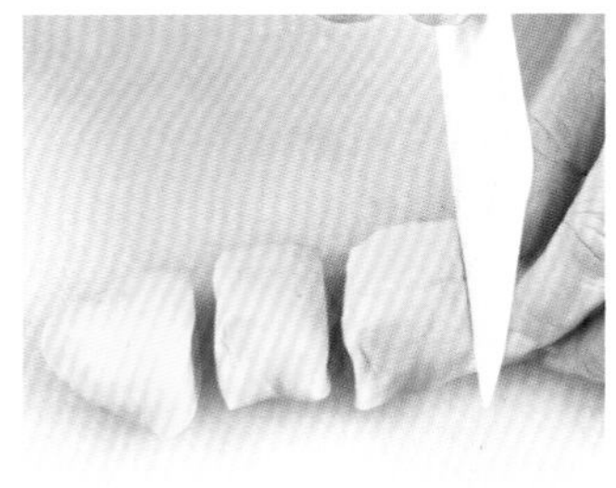

❺ 然后将面团分切成每份约30克，压成薄皮备用。

❻ 将馅部分的熟咸蛋黄与其余材料混合成馅料。

❼ 用薄面皮将馅料包入。

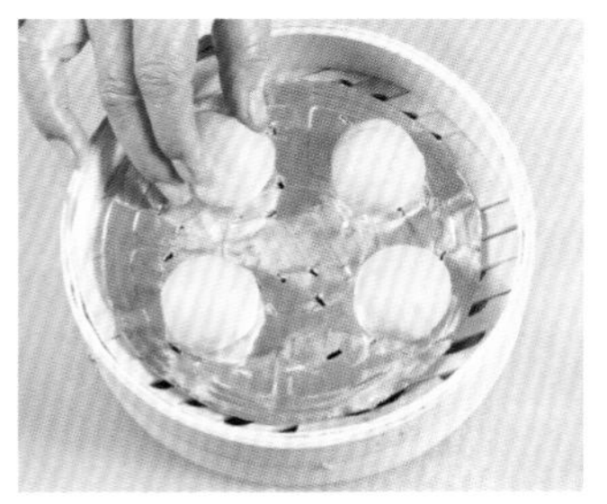

❽ 将收口捏紧，排入蒸笼内稍作静置，然后用大火蒸约8分钟至熟即可。

芝麻莲蓉包

材料

低筋面粉 500 克，泡打粉 4 克，干酵母 4 克，改良剂 25 克，清水 225 毫升，莲蓉、芝麻各适量，砂糖 100 克

制作指导

擀面皮的时候不用揉得太厉害，撒点干面粉防粘、擀薄即可，要擀成边上薄中间厚。

做法

❶ 低筋面粉、泡打粉混合开窝，加入砂糖、干酵母、改良剂、清水。

❷ 拌至糖溶化，将面粉拌入中间，搓匀。

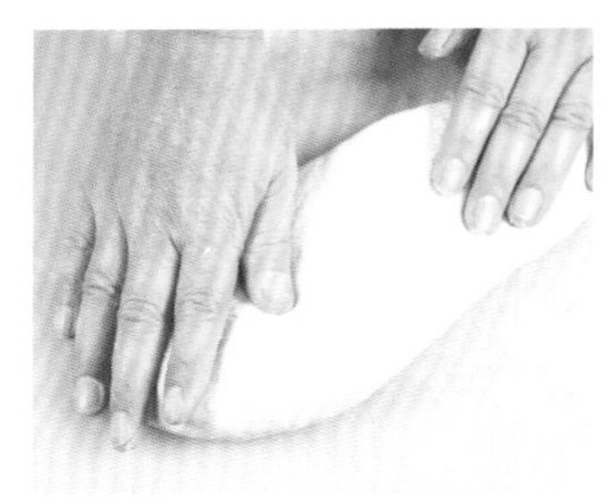

❸ 搓至面团纯滑。

❹ 用保鲜膜包好面团，静置醒发。

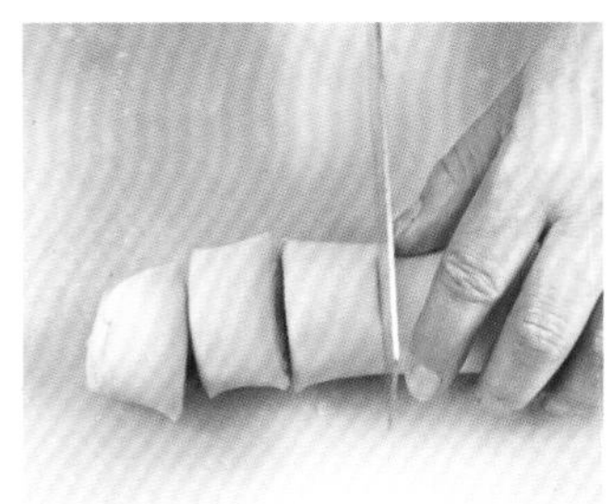

❺ 将面团分切成每份约30克，擀成薄面皮。

❻ 将莲蓉与适量芝麻混合成麻蓉馅料，用面皮包入。

❼ 然后将收口捏紧，粘上芝麻，排入蒸笼。

❽ 用大火蒸20分钟至熟，凉冻后以150℃的油温炸至浅金黄色即可。

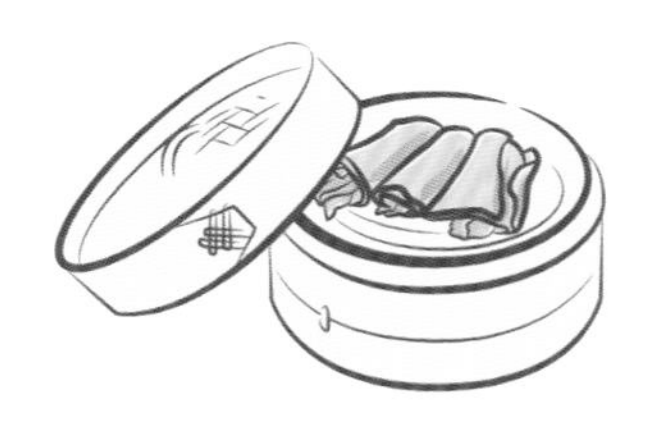

寿桃包

材料

皮：普通面粉 500 克，酵母 3 克，泡打粉 8 克，清水 250 毫升，菠菜汁适量，砂糖 6 克

馅：莲蓉适量

做法

❶ 皮部分的面粉、泡打粉混合过筛开窝，中间加砂糖、酵母、清水，拌至糖溶化，将面粉拌入中间揉成纯滑面团。

❷ 将面团分成两份，其中一份加入菠菜汁。

❸ 都揉成光滑面团，用保鲜膜包好，稍作松弛。

❹ 将白面团分切成每份约60克的小面团，菠菜面团切成每份约20克的小面团。

❺ 白面团擀薄后，包入适量莲蓉。

❻ 将口收紧，捏成水滴状，底部放上擀开的菠菜面团，用刮板压出纹路。

❼ 放入蒸笼，大火蒸约20分钟至熟即可。

制作指导

菠菜面团是底座，其底部的大小要和上部的面团差不多。如无刮板，可用刀背压出纹路，纹路不要太深，稍稍压出即可。

炸芝麻大包

材料

低筋面粉 500 克，泡打粉 4 克，干酵母 4 克，改良剂 25 克，清水 225 毫升，砂糖 100 克，芝麻适量

做法

❶ 将低筋面粉、泡打粉混合过筛后开窝，加入砂糖、干酵母、改良剂、清水，拌匀至糖溶化。
❷ 将面粉拌入中间搓匀，搓至面团纯滑，用保鲜膜包好，稍作松弛，将面团分切成每份约30克，滚圆粘上芝麻。
❸ 排于蒸笼内，以大火蒸20分钟，等凉冻后，以150℃的油温炸5分钟，呈浅金黄色即可。

制作指导

一定要等大包凉透后，再放入油锅中炸，否则包子中的水蒸气会引起炸锅。

蚝皇叉烧包

材料

皮：种面 500 克，面粉 175 克，泡打粉 15 克，溴粉 3 克，砂糖 175 克，碱水、清水各少许
馅：盐 8 克，砂糖 10 克，鸡精 7 克，蚝油 15 毫升，清水 200 毫升，面粉 50 克，粟粉 50 克，叉烧 205 克

做法

❶ 种面加少许清水拌匀，静置约12小时。
❷ 加入砂糖、溴粉、面粉、泡打粉揉透。
❸ 加入碱水，揉成光滑面团，松弛备用。
❹ 馅料部分全部材料混合，加热煮熟。
❺ 待凉后切成粒状的叉烧，拌匀成叉烧馅。
❻ 将步骤3的面团切成每份约30克的小面团。
❼ 擀成面皮，包入馅料，捏紧成雀笼形。
❽ 放入蒸笼，大火蒸约8分钟至熟即可。

制作指导

叉烧馅以选用新鲜、肥瘦适中的肉为宜。

香煎菜肉包

材料

皮： 普通面粉 500 克，清水 250 毫升，砂糖 75 克，泡打粉 7 克，干酵母 3 克

馅： 猪肉 250 克，马蹄肉、葱白各 50 克，盐 2 克，砂糖 6 克，鸡精 2 克，猪油 1.5 克

制作指导

面团要揉透，否则不易包、捏；最后放入平底锅煎时，要注意控制好火候，并不断地翻面，移动位置，避免焦糊，煎至金黄色为最佳。

做法

❶面粉、泡打粉混合过筛后开窝，加入砂糖、干酵母、清水。

❷将糖拌至溶化，再将面粉拌入中间。

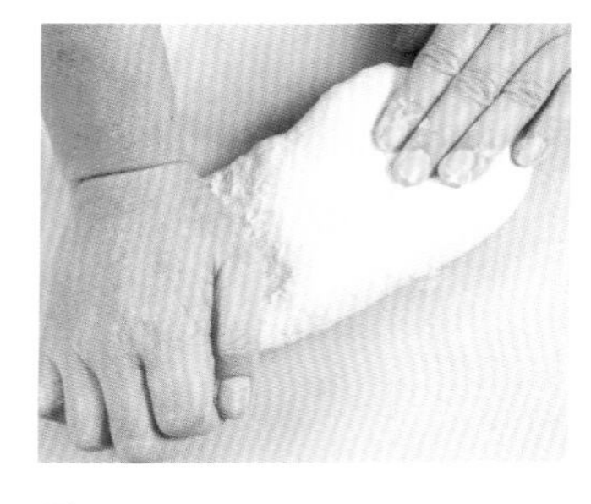

❸揉匀成光滑面团。

❹用保鲜膜包好面团，稍作松弛。

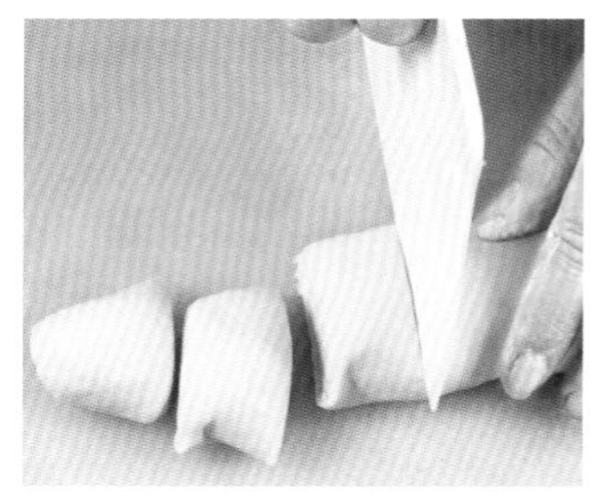

❺切成每份约30克的小面团，擀成薄面皮。

❻将馅料部分的猪肉、马蹄肉、葱白剁碎，和其余材料拌匀成馅。

❼将馅料包入面皮中，将收口捏紧成型。

❽放入蒸笼静置松弛，以大火蒸约8分钟，放凉，用平底锅煎至浅金黄色即可。

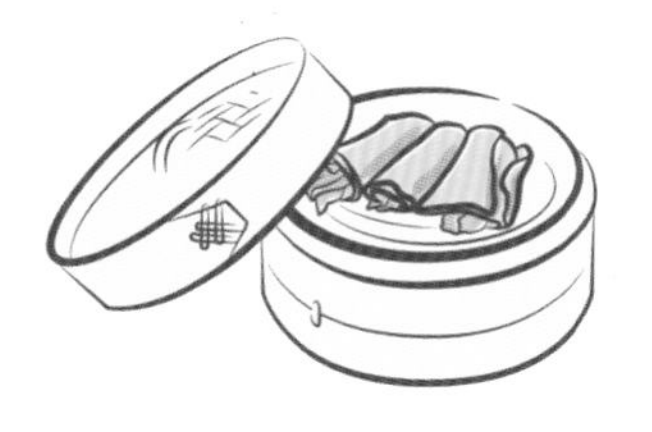

香煎叉烧包

材料

皮：种面500克，普通面粉250克，泡打粉15克，溴粉3克，砂糖250克，碱水少许

馅：盐8克，砂糖10克，鸡精7克，清水1000毫升，粟粉150克，叉烧250克，蚝油适量，花生酱、酱油各适量

制作指导

用面皮包入馅料时，不要包得过多，以免压平时，馅料溢出；在煎制叉烧包的过程中要大火转中小火，不要一味用大火，以免煎糊。

做法

❶面粉、泡打粉混合开窝，加入种面、砂糖、溴粉、碱水，搓至糖溶化。

❷然后将面粉拌入中间。

❸搓至面团纯滑，用保鲜膜包好，松弛20分钟备用。

❹将馅部分的盐、砂糖、鸡精、清水、粟粉混合。

❺边加热边搅拌，加入蚝油、花生酱、酱油煮沸。

❻加入已切成粒状的叉烧肉拌匀，备用。

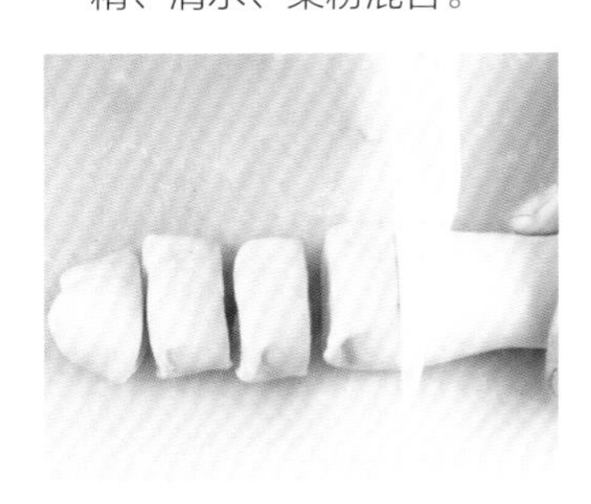

❼将松弛好的面团分切成每份约30克。

❽将面皮压薄，然后包入叉烧馅。

❾成型后放入蒸笼，蒸约8分钟至熟透，然后用平底锅煎成浅金黄色即可。

莲蓉香雪酥

材料

水皮：面粉 500 克，清水 150 毫升，全蛋液 50 克，砂糖 50 克，猪油 25 克

油心：白牛油 400 克，猪油 500 克，面粉 400 克

其他：莲蓉适量，芝麻适量

做法

1. 将油心部分的材料混合拌匀，搓至面团纯滑。
2. 水皮部分的材料混合，搓成纯滑面团。
3. 稍作松弛，将面皮擀薄，包入油心。
4. 擀压成长方形酥皮，然后卷起成长条状。
5. 用刀分切成每份约30克的小面团，压成薄皮。
6. 包入莲蓉馅，将收口捏紧。
7. 擀薄后排入烤盘，扫上清水，粘上芝麻。
8. 入炉以上火170℃、下火140℃烤至熟即可。

制作指导

用擀面杖擀面团时，不要太薄，擀均匀即可；最后扫清水时，轻轻扫一层就可以，不要过量，能粘住芝麻即可。

菜脯煎饺

材料

饺子皮 200 克，植物油 5 毫升，砂糖 7 克，盐、鸡精各 5 克，淀粉 25 克，香油少许，菜脯 150 克，马蹄肉 100 克，胡萝卜 30 克，猪肉 150 克

做法

❶ 猪肉切成肉蓉，加入盐拌至起胶。

❷ 将菜脯、马蹄肉、胡萝卜切碎，倒入猪肉中。

❸ 加入鸡精、砂糖拌匀。

❹ 然后加入淀粉拌匀。

❺ 加入植物油、香油拌匀成馅。

❻ 用饺子皮包入馅料。

❼ 将包口捏紧成型。

❽ 均匀排入蒸笼，用大火蒸约8分钟至熟，待凉冻后，用平底锅煎至金黄色即可。

制作指导

煎饺子时锅盖不要开得过早，否则饺子上面的部分会变干，皮会变硬，影响口感；可以先在饺子皮上刷上一层蛋黄液，再入锅煎，色泽会更加漂亮。

刺猬包

材料

普通面粉 500 克，干酵母 5 克，泡打粉 15 克，清水 250 毫升，莲蓉适量，砂糖 100 克，黑芝麻适量

制作指导

剪刺猬包的刺时，间距要把握好，不能太密也不能太开，以免走形。

做法

❶面粉、泡打粉混合过筛后开窝，加入干酵母、砂糖。

❷加入清水，拌至糖溶化。

❸将面粉拌入中间，搓至面团纯滑。

❹用保鲜膜包好面团，稍作松弛。

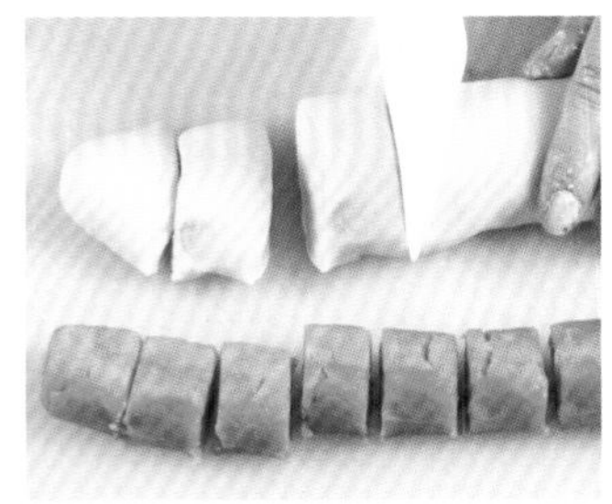

❺然后将面团分切成每份约30克，将莲蓉切成每份约15克。

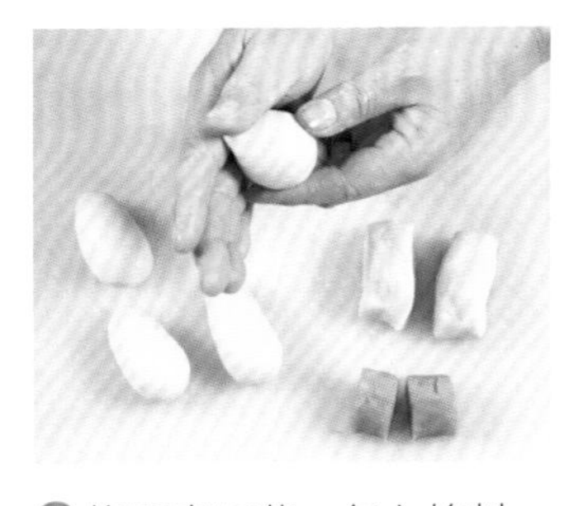

❻将面皮压薄，包入馅料，将收口捏紧。

❼用剪刀剪成刺猬状。

❽排入蒸笼，用黑芝麻粘成眼睛，静置30分钟，用大火蒸约8分钟至熟透即可。

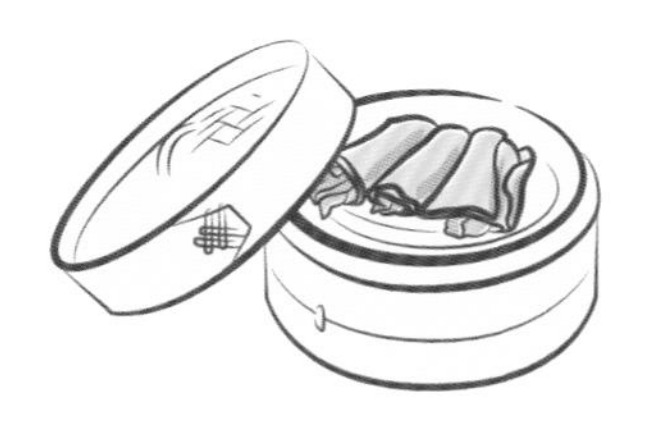

芝麻烧饼

材料

普通面粉 500 克，砂糖、全蛋液各 50 克，猪油 25 克，清水 150 毫升，叉烧馅适量，芝麻适量

做法

❶ 面粉过筛开窝，加入砂糖、猪油、全蛋液、清水，拌至糖溶化。
❷ 面粉拌入中间边拌边搓，搓至面团纯滑。
❸ 用保鲜膜包好面团，松弛约30分钟。
❹ 然后将其分切成每份约30克。
❺ 将面团压薄，包入叉烧馅。
❻ 将收口捏紧成型。
❼ 然后粘上芝麻。
❽ 均匀排入烤盘，稍静置松弛，入炉以上火180℃、下火140℃烘烤，熟透出炉即可。

制作指导

入炉烘烤时，可根据炉温和上色程度，中途转动烤盘，使每个饼坯受热均匀。

PART 3

高级入门篇

在餐厅里见到精致美味的中点，有想过自己也能够动手做出来吗？老婆饼、叉烧、皮蛋酥……这已经属于高级中点的范畴了，虽然制作这些中点难度较高，但是只要认真去做，其实也不难。不信，就赶紧试一下吧！

蚬壳包

材料

皮：普通面粉 500 克，清水 250 毫升，泡打粉 8 克，干酵母 5 克，砂糖 100 克，桑叶粉水 5 毫升

馅：猪肉 250 克，葱 50 克，盐 5 克，砂糖 8 克，鸡精 6 克

制作指导

两份薄皮重叠时，若不好粘黏，可以先在一份面皮上扫少许水，再重叠，卷成长条。擀面皮时，要将螺旋纹朝上，这样做出来的面皮的纹路会更漂亮。

做法

❶面粉、泡打粉混合过筛，开窝，加入干酵母、砂糖、清水。

❷将糖拌溶化后，然后将面粉拌入中间。

❸搓至面团纯滑。

❹用保鲜膜包好面团，松弛备用。

❺将面团分成两份，其中一份加入桑叶粉水搓透。

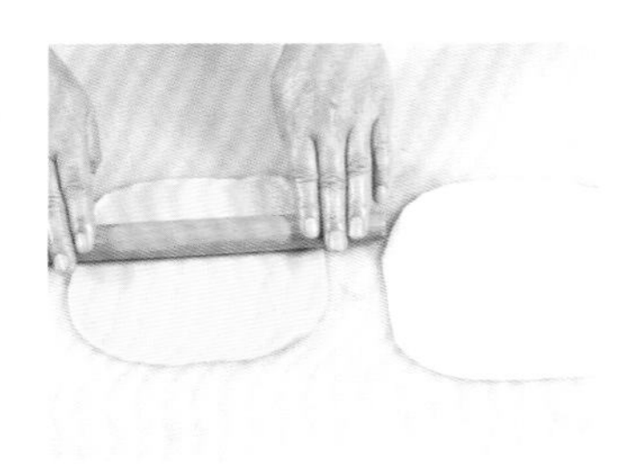

❻将两份面团分别擀薄成薄皮。

❼然后将两份薄皮重叠。

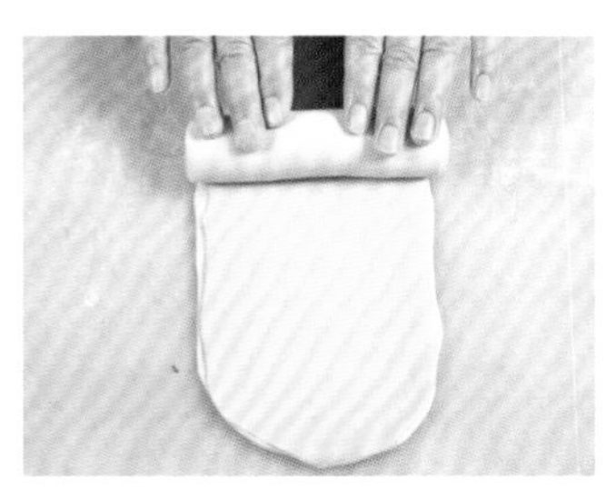

❽再卷起成长条状。

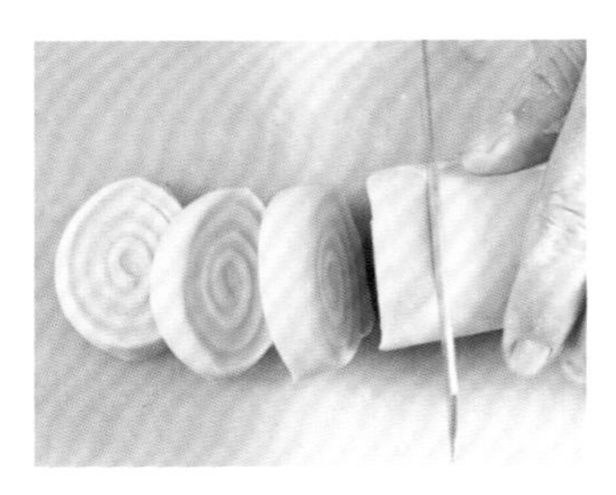

❾再分切成每份约30克的薄坯。

❿再擀薄成圆皮状。

⓫馅部分的猪肉、葱切碎，与其余材料拌成馅，用圆皮包入馅料捏紧成型。

⓬排入蒸笼内，稍作静置松弛，用大火蒸约8分钟至熟即可。

花边酥饺

材料

水皮：普通面粉 500 克，砂糖 25 克，猪油 150 克，清水 200 毫升

油心：普通面粉 500 克，猪油 250 克

馅：莲蓉 150 克

做法

❶ 油心部分的面粉与猪油混合，拌匀搓透备用。

❷ 水皮部分的面粉开窝，加入其余材料拌匀，将面粉拌入中间，搓至面团纯滑，用保鲜膜包好，松弛30分钟左右。

❸ 将水皮擀开，包入油心，再擀成长圆形。

❹ 将其卷起来成筒状，分切成每份约30克的小面团。

❺ 将小面团擀成薄面皮。

❻ 包入莲蓉，收口捏紧。

❼ 收口处一上一下捏出形状，放入烤盘内。

❽ 以上火220℃、下火200℃烘烤15分钟，烤至金黄色熟透即可。

制作指导

注意烤箱要先预热 10 分钟，再把饺子放入烘烤，这样烤出来的饺子更加饱满。

五仁酥饼

材料

水皮：中筋面粉 250 克，清水 100 毫升，猪油 70 克，砂糖 40 克，全蛋液 50 克

油心：猪油 65 克，低筋面粉 130 克

馅：杏仁片、花生、瓜子仁、高筋面粉、芝麻、砂糖、核桃仁各 50 克，清水适量

做法

1. 中筋面粉过筛开窝，加入砂糖、猪油、全蛋液、清水。
2. 拌至糖溶化，将面粉拌入中间，搓成纯滑面团，用保鲜膜包起稍作松弛。
3. 油心部分的材料混合搓匀备用。
4. 将水皮、油心按3:2比例，分切成小面团。
5. 用水皮包入油心，擀压成薄酥皮。
6. 卷起成条状，然后折三折，再擀薄成薄片酥皮状。
7. 将馅料部分的所有材料（留少许芝麻）拌匀成五仁馅，用酥皮包入五仁馅，将收口捏紧成型。
8. 粘上芝麻，排入烤盘，在饼坯中间轻按一圆孔，以上火180℃、下火160℃烤15分钟，烘烤成金黄色即可。

制作指导

擀得越长，卷的圈数越多，层次也就越多，可根据需要来选择。

叉烧烧饼

材料

水皮：普通面粉 500 克，猪油 25 克，清水 150 毫升，砂糖 50 克

油心：白牛油 400 克，面粉 400 克，猪油 500 克

其他：叉烧馅适量，芝麻适量

制作指导

饼坯粘上芝麻放入烤盘后，要用手指轻轻按扁成小圆饼状，这样才成烧饼坯。粘芝麻时，可以先在饼坯上扫适量清水，芝麻会粘得更多、更牢固。

做法

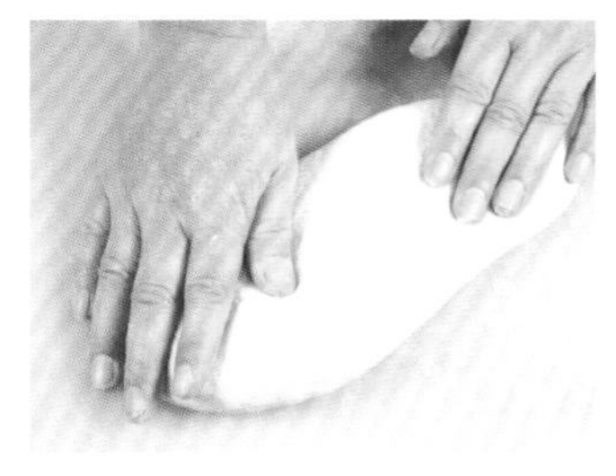

❶油心部分的所有材料混合拌匀，搓至面团纯滑备用。

❷水皮部分的面粉开窝，加入砂糖、猪油、清水，搓至糖溶化。

❸然后将面粉拌入中间。

❹搓至面团纯滑，用保鲜膜包好，松弛约30分钟。

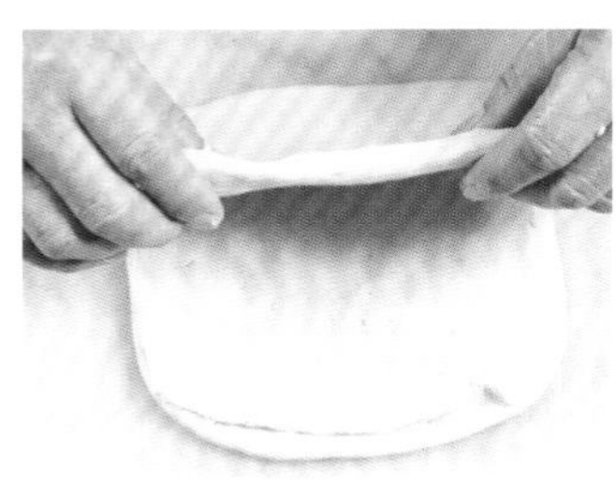

❺将水皮面团擀薄，油心面团擀薄放在水皮面皮上，包裹起来。

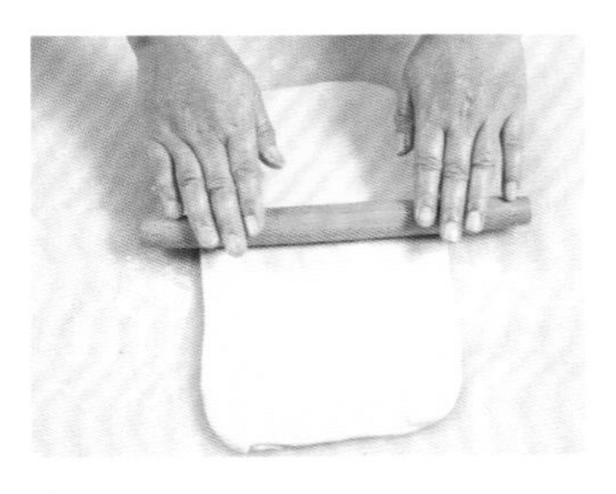

❻将面团压成长方形，两头对叠成三层，重复擀薄折叠三次。

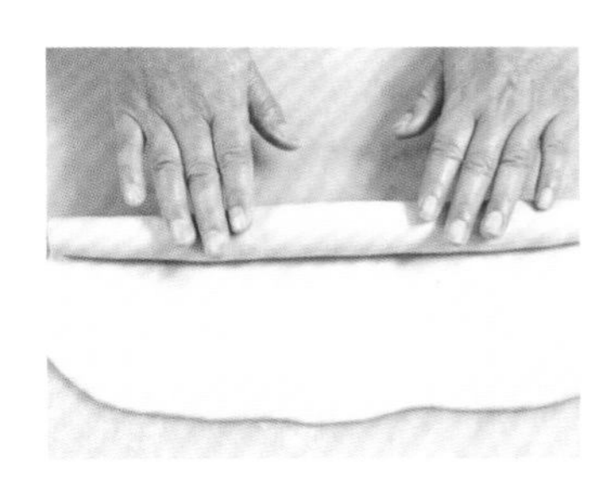

❼将备好的酥皮擀薄至约4毫米厚，再卷成长条状。

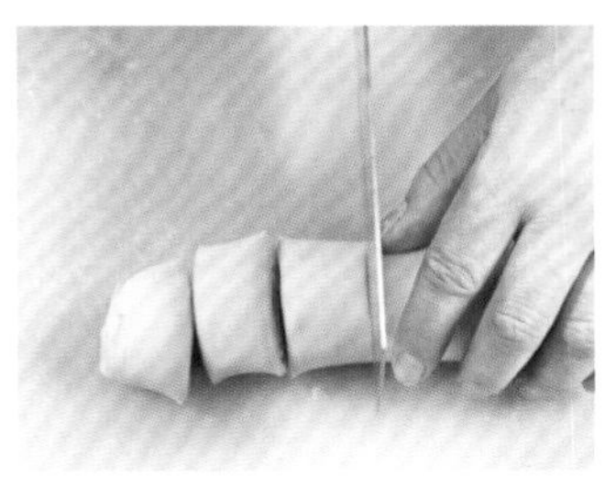

❽分切成每份约30克的小面团。

❾然后再将面团擀成面皮。

❿用面皮包入叉烧馅，将收口捏紧成型。

⓫粘上芝麻，排入烤盘内。

⓬入炉以上火180℃、下火140℃烘烤约30分钟成金黄色，出炉即可。

老婆饼

材料

水皮：中筋面粉 250 克，猪油、砂糖、全蛋液各 50 克，清水适量

油酥：猪油 65 克，低筋面粉 130 克

馅：温水 125 毫升，砂糖 100 克，猪油 20 克，植物油 20 毫升，芝麻、椰蓉各 15 克，糖冬瓜 30 克，糕粉 75 克

做法

1. 将水皮部分的砂糖溶化后，与其余各材料拌匀，搓成纯滑面团，用保鲜膜包起。
2. 油酥部分的材料混合拌匀备用。
3. 水皮、油酥按3:2的比例分切成小面团，用水皮包入油酥，擀薄。
4. 卷起成条形状，折起成三层，再擀薄成圆酥皮备用。
5. 馅料部分的所有材料（除芝麻外）混合拌匀，分切成小面团。
6. 用薄酥皮包入馅料，将收口捏紧，稍作松弛后，擀成薄饼坯。
7. 排入烤盘，扫上蛋黄液（材料外）。
8. 撒上芝麻装饰，中间切两刀，以上火180℃、下火150℃烘烤成金黄色即可。

制作指导

扫蛋黄液时，动作要快速均匀，这样色泽会更漂亮。

金盏酥

材料

水皮：普通面粉 500 克，猪油 25 克，清水 150 毫升，砂糖 50 克

油心：牛油 300 克，猪油、面粉各 400 克

其他：莲蓉适量，全蛋液适量

做法

1. 油心部分的材料混合搓匀，搓至面团纯滑。
2. 水皮部分的面粉开窝，加入砂糖、猪油、清水，拌至糖溶化。
3. 将面粉拌入中间，搓至面团纯滑，用保鲜膜包起，松弛约30分钟。
4. 将面团擀薄，包入油心，用擀面杖擀成长方形。
5. 两头对叠折成三层，稍作松弛后，重复擀开叠起，共折三次。
6. 擀成约4毫米厚，用切模轧成酥皮坯，排入烤盘，扫上全蛋液。
7. 中间放入莲蓉。
8. 切好酥脆条，包着馅料，扫上全蛋液入炉，以上火180℃、下火140℃烘烤至金黄色即可。

制作指导

做好的水皮面团一定要盖上保鲜膜松弛30 分钟，以防变干。

雪梨酥

材料

水皮：面粉 500 克，猪油 150 克，清水 250 毫升

油心：面粉 500 克，猪油 250 克

其他：雪梨 1 个，胡萝卜丁适量

做法

1. 油心部分的材料混合拌匀，搓透备用。
2. 水皮部分的面粉开窝，加入猪油、清水拌匀后，再将面粉拌入中间，搓至面团纯滑，用保鲜膜包好，松弛30分钟左右。
3. 将水皮擀开包入油心。
4. 擀成长圆形后折成三层，再擀开再折叠，每次擀开后松弛1小时。
5. 酥皮两头对折成四层，将其切开分割。
6. 静置好后，用擀面杖将皮擀薄。
7. 雪梨切成小粒，用酥皮包上，包成长椭圆形，放入烤盘内。
8. 用胡萝卜丁装饰，以上火180℃、下火140℃烘烤20分钟至金黄色即可。

制作指导

把分切开的酥皮坯擀薄时，力道要均匀，不要擀破。

莲花酥

材料

水皮：中筋面粉 250 克，清水 100 毫升，猪油 70 克，砂糖 40 克，全蛋液 50 克

油心：猪油 65 克，低筋面粉 130 克

其他：莲蓉适量，蛋黄液适量

做法

1. 中筋面粉过筛开窝，加入砂糖、猪油、全蛋液、清水。
2. 拌至糖溶化，将面粉拌入中间，搓成纯滑面团。
3. 用保鲜膜包起，松弛备用。
4. 油心部分的材料混合拌匀，备用。
5. 将水皮和油心按3:2的比例切成小面团。
6. 用水皮包入油心，擀开后卷起成条状。
7. 折起成三层。
8. 擀薄后包入莲蓉馅成型，扫上蛋黄液，切成“十”字形，入炉以上火180℃、下火150℃烘烤20分钟，呈浅金黄色熟透即可。

制作指导

油心和水皮做好后，要用保鲜膜包裹起来，否则暴露在空气中会造成水分流失，引起面团表面干燥。用刀切“十”字形时，不要切得太深，微微露馅即可。

菊花酥

材料

水皮：普通面粉 200 克，猪油 70 克，清水 150 毫升，砂糖 15 克

油心：面粉 140 克，猪油 70 克

其他：莲蓉适量，蛋黄液适量

制作指导

菊花酥划瓣时，要从顶划到腰部以下，深度以不漏心为度，注意每个花瓣之间的间隔要一致；最后扫蛋黄液时，可以扫两次，烤出来的颜色会更加漂亮。

做法

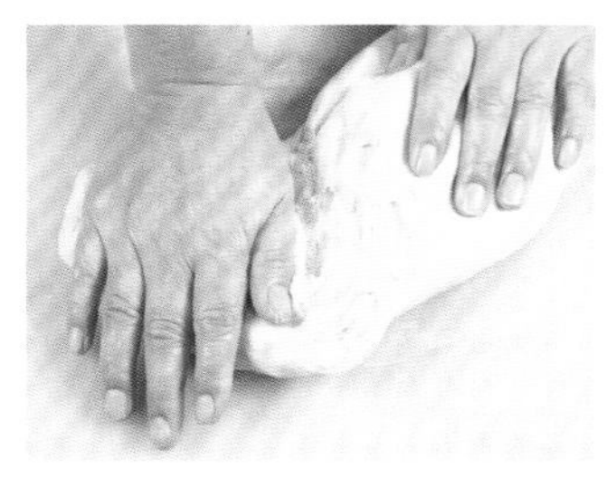

❶水皮部分的面粉开窝，加入砂糖、猪油、清水搓匀后稍作松弛。

❷油心部分的面粉和猪油混合，再用刮板堆叠搓，搓至面团纯滑成油心。

❸用保鲜膜包好，松弛。

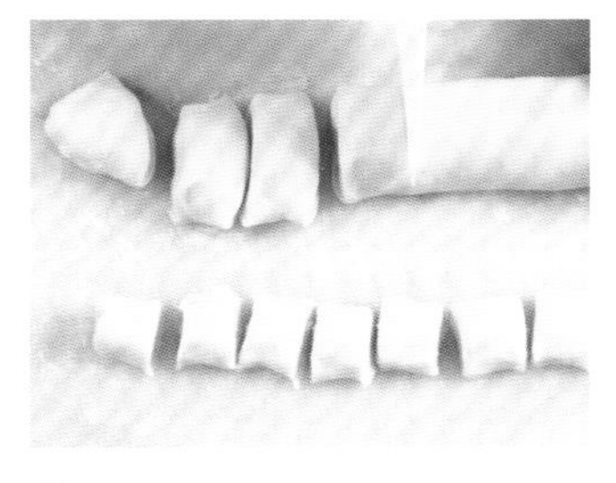

❹将松弛好的水皮、油心按3:2的比例分割。

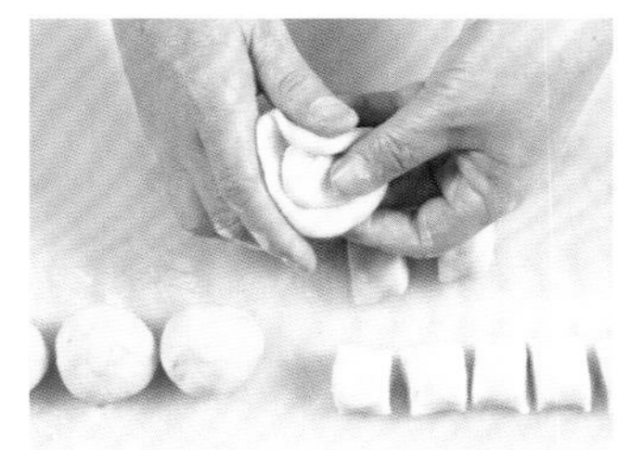

❺擀开水皮，包入油心。

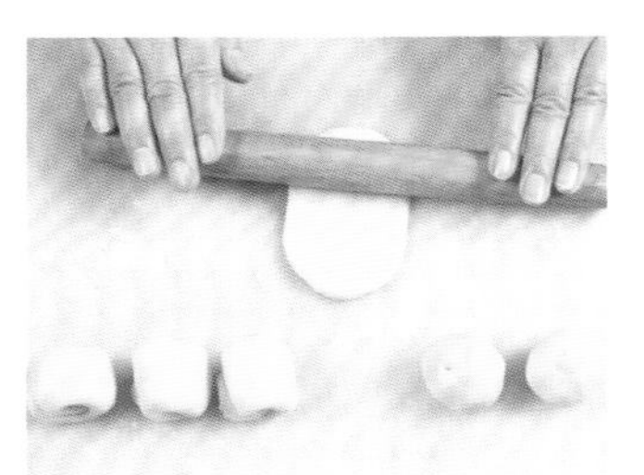

❻将包好的酥皮擀开，再卷起来，再从另一头叠过来成三层。

❼再对角擀开，擀成薄圆形稍作松弛。

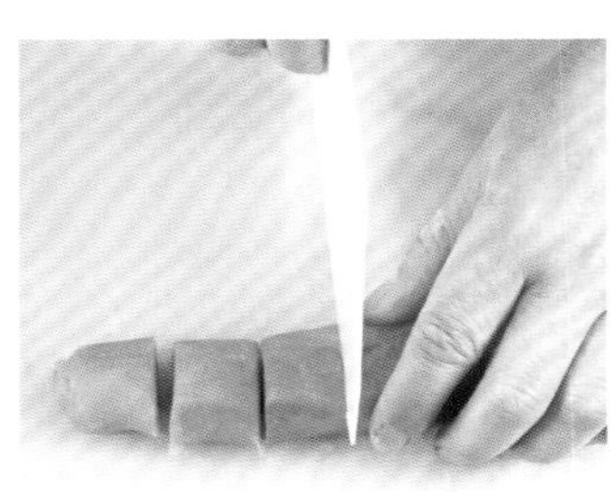

❽莲蓉馅分割成适当大小。

❾用酥皮包入莲蓉馅，收口捏紧，用手压一下，再用擀面杖擀薄。

❿对折后，再用刀在离中心1/3处斜切。

⓫再散开，将分切的转过来，成正面，放入烤盘内，扫上蛋黄液。

⓬入炉以上火190℃、下火140℃烘烤15分钟，至金黄色熟透后，出炉即可。

叉烧酥

材料

水皮：中筋面粉 250 克，清水 100 毫升，猪油 70 克，砂糖 40 克，全蛋液 50 克

油心：猪油 65 克，低筋面粉 130 克

其他：叉烧适量，蛋黄液适量，白芝麻适量

做法

1. 水皮部分的所有材料混合，拌成纯滑面团，用保鲜膜包起，稍作松弛。
2. 油心部分的所有材料混合搓匀备用。
3. 将水皮、油心按3:2的比例分切成小面团。
4. 水皮包入油心，擀成薄酥皮，卷成条状。
5. 然后折起成三层，再擀压成酥皮。
6. 用酥皮将叉烧馅包入，捏成三角状成型，排入烤盘。
7. 扫上蛋黄液，然后撒上白芝麻装饰。
8. 入炉以上火180℃、下火150℃烘烤15分钟，至浅金黄色熟透后出炉即可。

制作指导

扫蛋黄液时，可根据个人口味需要来刷，但不宜过多，刷得均匀即可。

天天向上酥

材料

水皮：普通面粉 500 克，猪油 150 克，清水 250 毫升

油心：面粉 500 克，猪油 250 克，砂糖 15 克，全蛋液 50 克

其他：白灼虾适量，全蛋液适量

做法

1. 油心部分的所有材料混合，拌匀搓至面团纯滑，备用。
2. 水皮部分的面粉开窝，拌入猪油、清水，将面粉拌入中间，再搓成纯滑面团，用保鲜膜包好面团，松弛30分钟。
3. 将水皮面团擀开，包入擀开的油心面团。
4. 擀成长圆形，两头向中间折起来成三层，松弛后继续擀开折叠，反复三次。
5. 静置1小时后，再用擀面杖将面团擀薄，切膜压出酥坯。
6. 排入烤盘内，用稍小的切膜压出酥坯，去掉实心的部分。
7. 酥坯扫上全蛋液后，将空心的酥坯放在表面对齐。
8. 以上火180℃、下火140℃烘烤20分钟，至金黄色，待凉后放上白灼虾即可。

制作指导

使用擀面杖时力量要均衡，擀卷的长度越长，层次就越多。

豆沙蛋黄酥

材料

水皮：中筋面粉 250 克，清水 100 毫升，猪油 70 克，砂糖 40 克，全蛋液 50 克

油心：猪油 65 克，低筋面粉 130 克

其他：豆沙适量，咸蛋黄 5 个，全蛋液、芝麻各适量

做法

1. 水皮部分的所有材料混合，搓成纯滑面团，用保鲜膜包起稍作松弛。
2. 油心部分的所有材料混合搓匀，备用。
3. 将水皮、油心按3:2的比例分切成小面团。
4. 用水皮包入油心，擀压成薄皮。
5. 卷起成条状，然后折起成三层。
6. 再擀薄成薄圆酥皮。
7. 包入豆沙、咸蛋黄，将收口捏紧，均匀排入烤盘。
8. 扫上全蛋液，撒上芝麻，以上火180℃、下火150℃烘烤15分钟，呈金黄色即可。

制作指导

擀开面皮和卷起面皮前的松弛时间都要充分，具体时间可根据实际情况决定，一般以 20 分钟为宜。

千层莲蓉酥

材料

水皮：面粉 500 克，鸡蛋 1 个，砂糖 50 克，猪油 25 克，清水 150 毫升

油心：牛油 300 克，面粉 400 克，砂糖 10 克，猪油 500 克

其他：莲蓉适量，全蛋液适量，白芝麻适量

做法

1. 油心部分的所有材料混合，拌匀搓透备用。
2. 水皮部分的所有材料混合均匀，搓至面团纯滑，用保鲜膜包好，松弛30分钟。
3. 将水皮擀开，包入油心，擀成长方形。
4. 两头向中间折起成三层，松弛，继续擀开折叠，重复三次，静置1小时后，用擀面杖将皮擀薄。
5. 用圆形切模压出酥坯。
6. 放入莲蓉馅，包起成型。
7. 将酥饼坯排入烤盘，扫上全蛋液，撒上白芝麻。
8. 入炉以上火180℃、下火140℃烘烤20分钟至金黄色熟透，即可出炉。

制作指导

面皮要擀得稍厚些，便于包裹馅料。酥皮反复折叠的次数越多，就越有层次感，口感就越松脆。

炸苹果酥

材料

水皮：普通面粉 400 克，砂糖 20 克，全蛋液 50 克，清水 200 毫升，猪油 40 克

油心：牛油、猪油各 100 克，面粉 400 克

馅：苹果丁 150 克，玉米淀粉 30 克，清水 20 毫升，砂糖 25 克

制作指导

苹果削皮切丁后，要放入淡盐水中泡着，可防止苹果与空气接触从而氧化变色。也可以根据个人口味把苹果换成其他水果，注意如果水分太多，可适量增加玉米淀粉的量，来吸附水分。

做法

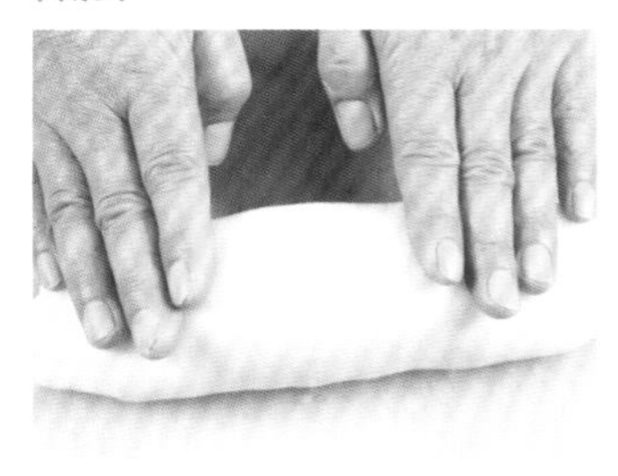

❶油心部分的材料混合拌匀，用保鲜膜包好备用。

❷水皮部分的面粉开窝，加入猪油、砂糖、全蛋液、清水，搓至糖溶化。

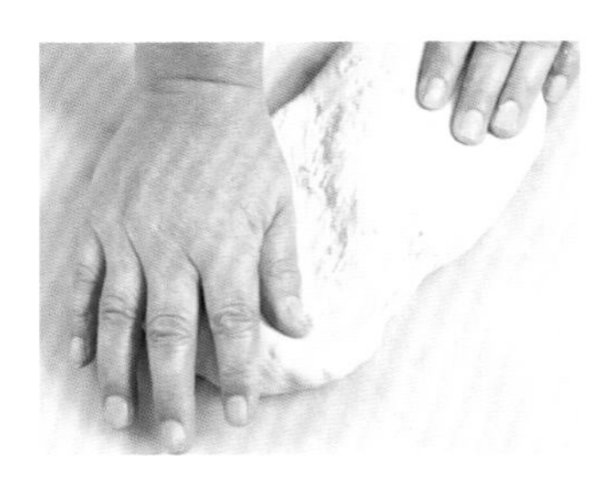

❸将面粉拌入中间，搓透至面团纯滑。

❹再用保鲜膜包好，松弛约30分钟。

❺将水皮压薄，包入油心。

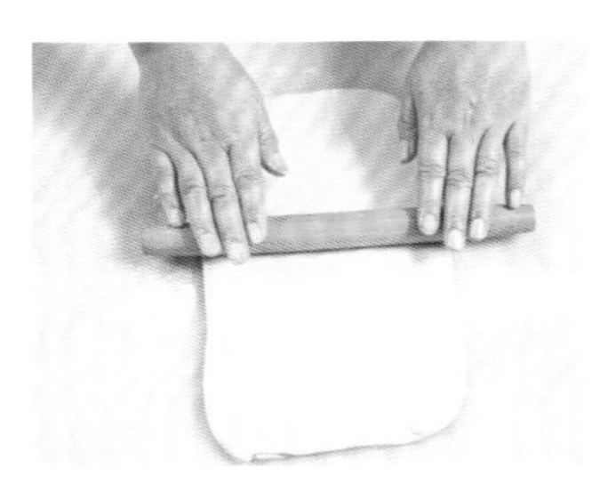

❻再擀薄成长“日”字形，两头对折成三层，稍作松弛后，重复三次。

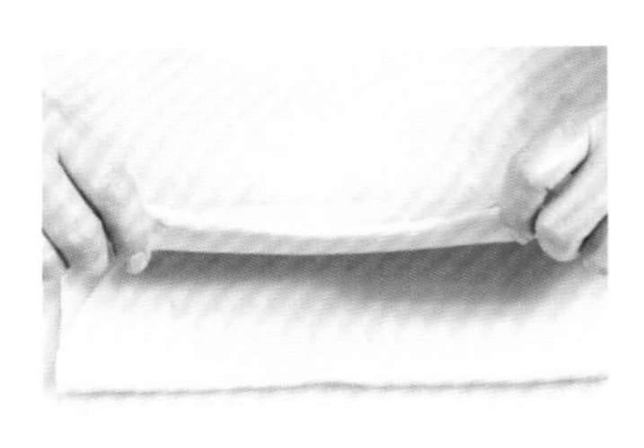

❼再擀薄，卷起成长条形状，放入冰箱冻成酥条。

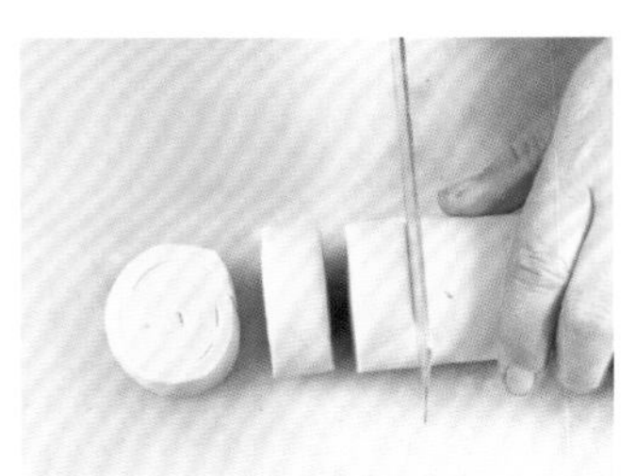

❽将酥条切成薄片。

❾然后压成薄圆片备用。

❿馅料部分的苹果丁、砂糖混合，加热煮熟，用清水与玉米淀粉勾芡即成。

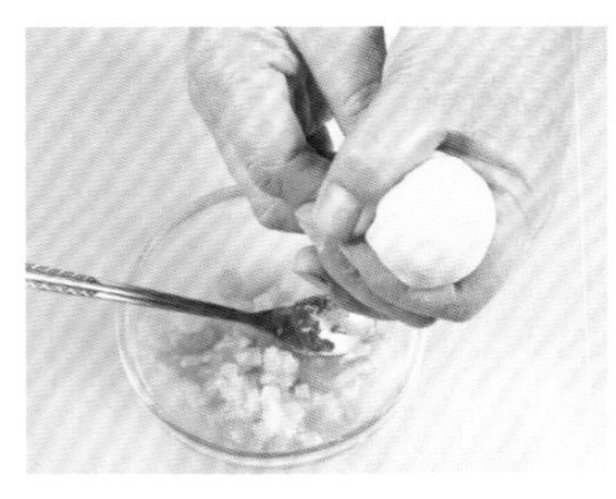

⓫用酥皮包入馅料，将收口捏紧成型。

⓬入炉以上火180℃、下火140℃烘烤15分钟，熟透出炉即可。

豆沙佛手酥

材料

水皮： 普通面粉 500 克，砂糖 15 克，猪油 70 克

油心： 普通面粉 140 克，猪油 70 克

其他： 豆沙适量，全蛋液适量

做法

1. 油心部分的材料混合，拌匀搓透备用。
2. 水皮部分的所有材料混合，搓至面团纯滑，用保鲜膜包好稍作松弛。
3. 将水皮擀开，包入油心，擀成长圆形，将其卷起来。
4. 将卷起的酥皮分切成适当大小。
5. 再用擀面杖擀成薄圆形。
6. 包入豆沙馅料，收口捏紧。
7. 用擀面杖擀开成椭圆形。
8. 用刀切开四条，扫上全蛋液，以上火 220℃、下火200℃的温度烘烤，烘烤至金黄色即可。

制作指导

水皮和油心面团的柔软度要相当。

腊味酥

材料

水皮：面粉 500 克，植物油 25 毫升，清水适量，全蛋液 50 克，砂糖 50 克

油心：猪油 200 克，面粉 400 克

馅：腊肠、去皮腊肉各 200 克，葱 100 克，熟糯米粉 40 克，盐 1.5 克，牛油 30 克，砂糖 10 克，鸡精 8 克，胡椒粉 1.5 克，五香粉 2 克，香油少许

其他：芝麻适量

做法

❶ 水皮部分的材料混合拌匀，搓至纯滑，用保鲜膜包好，松弛20分钟。

❷ 油心部分的材料混合，搓至纯滑即成。

❸ 将水皮面团分切成每份约30克，油心分切成每份约12克，然后用水皮将油心包入。

❹ 稍作松弛后，擀成长方形，然后卷起。

❺ 接口向上压扁，折成三层。

❻ 稍作松弛后，用擀面杖将水皮擀薄备用。

❼ 馅料部分的腊肠、腊肉、葱切碎，加入其余材料拌成馅，用酥皮将馅包入，将口收捏紧压扁。

❽ 粘上芝麻，排入烤盘，以上火180℃、下火150℃烘烤15分钟，熟透即可。

制作指导

拌面粉时，将原料混和拌匀至无干粉即可，切忌拌得过度起筋。

蚬壳酥

材料

水皮：普通面粉 500 克，全蛋液 50 克，砂糖 25 克，清水 250 毫升，牛油 30 克

油心：普通面粉 500 克，白牛油 150 克，黄牛油 150 克

馅：椰蓉 125 克，砂糖 100 克，低筋面粉 38 克，吉士粉 7 克，奶油 25 克，全蛋液 25 克，清水适量，盐 5 克，鸡精 10 克，香油少许

其他：全蛋液适量

制作指导

面团包入保鲜膜前可洒上少许清水，有利于松弛；在馅料上扫全蛋液时，不需要扫太多，薄薄一层即可。

做法

❶将水皮部分的材料混合，搓成纯滑面团；油心部分的材料混合搓匀。

❷将两个面团分别用保鲜膜包好，松弛20分钟。

❸将水皮、油心分别擀开，用水皮包入油心。

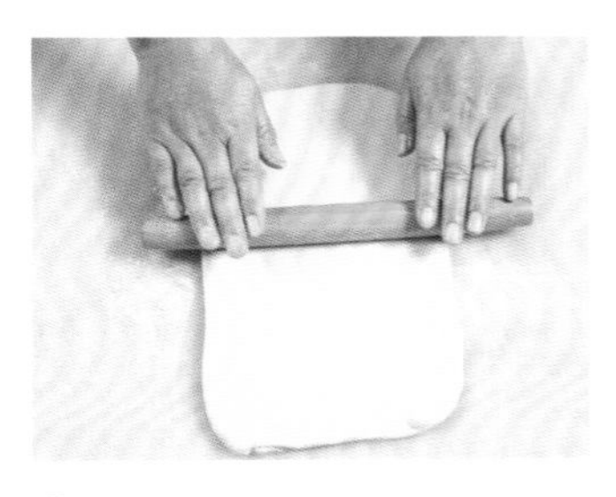

❹擀薄成长方形。

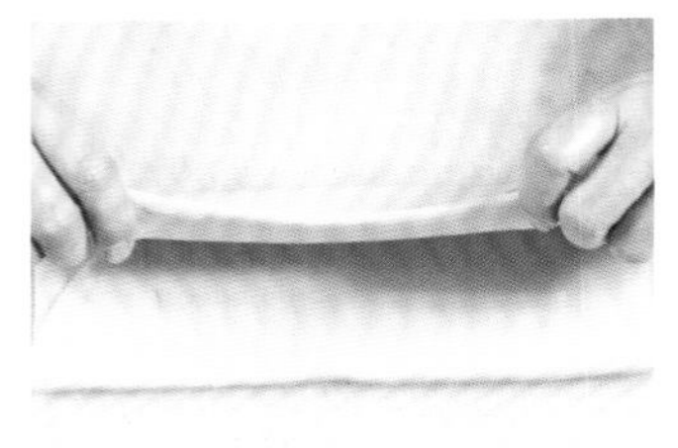

❺两头向中间折叠成三层，松弛后继续擀开，再折叠，操作三次。

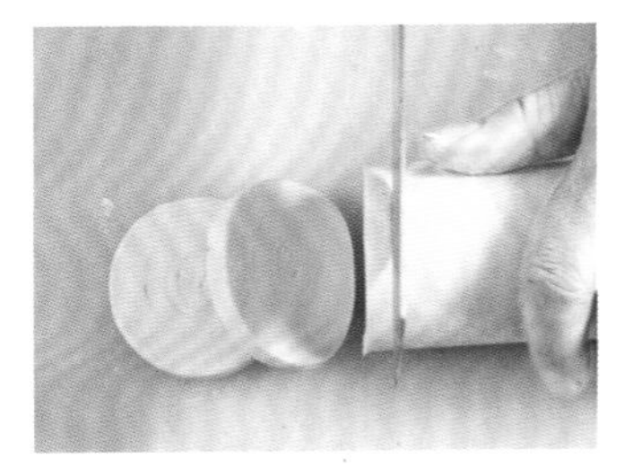

❻把酥皮卷起，静置1小时后，切成薄片。

❼用擀面杖擀薄备用。

❽把馅部分的材料混合。

❾拌均匀即成。

❿将适量馅放在其中的一块酥皮上，扫上全蛋液。

⓫用另一块酥皮盖上成型。

⓬放入烤盘，入炉以上火180℃、下火140℃烤20分钟，熟透出炉即可。

奶黄酥

材料

水皮： 普通面粉 500 克，全蛋液、砂糖各 50 克，猪油 25 克，清水 150 毫升

油心： 牛油 300 克，猪油、面粉各 400 克

馅： 奶黄馅、红色车厘子各适量

做法

1. 油心部分的材料混合拌匀，拌至纯滑备用。
2. 水皮部分的所有材料混合，搓成纯滑面团，用保鲜膜包好，稍作松弛。
3. 将水皮擀薄，包入油心，擀压成长方形。
4. 然后折起成三层，稍静置后再重复擀薄折叠，共三次。
5. 松弛后，再擀至约4毫米厚，切成正方形酥皮。
6. 将酥皮对角折起，两边各切一刀。
7. 打开后，将切口对折成型。
8. 入炉以上火180℃、下火140℃烘烤15分钟至熟，倒入奶黄馅、车厘子即可。

制作指导

揉面团时间不宜过长，须在 1 小时内成型完毕。

蛋黄酥

材料

水皮: 面粉 500 克，全蛋液 50 克，砂糖 50 克，猪油 25 克，清水适量

油心: 牛油 300 克，猪油、面粉各 450 克

其他: 粟粉、全蛋液各 100 克，咸蛋黄 5 个

做法

1. 油心部分的材料混合搓匀，搓至纯滑备用。
2. 水皮部分的面粉开窝，加入砂糖、全蛋液、猪油、清水，拌至糖溶化，将面粉拌入中间，搓至面团纯滑，用保鲜膜包好，松弛约30分钟。
3. 将面团擀薄，包入油心，用擀面杖擀压成长方形酥皮。
4. 两头往中间折起成三层，松弛后再擀开折叠，共折三次。
5. 酥皮折叠好后再松弛，最后擀至约4毫米厚，然后分切成2张宽约10厘米的酥皮。
6. 在其中一张皮中间放入粟粉及咸蛋黄。
7. 馅两边分别扫上全蛋液，将另一张皮把馅包实压紧。
8. 切成长5厘米的酥坯，以上火180℃、下火140℃烤成浅金黄色即可。

制作指导

油皮要揉至面团出筋、表面光滑，面团有筋性才能包得住油酥。

枕头酥

材料

水皮：面粉 500 克，全蛋液 50 克，砂糖 50 克，猪油 50 克，清水 150 毫升

油心：牛油 400 克，猪油 200 克，面粉 500 克

馅：熟木瓜 1 个，鲜奶油 10 克

制作指导

用面皮包入油心时，不要包入过多，要均匀，不能使面皮破漏，折叠擀薄过程要保持面皮完整，这样才会层次分明；刚烤好的点心是绵软的，等到放凉后，就会变脆。

做法

❶油心部分的材料混合，拌至均匀后备用。

❷水皮部分的面粉开窝，加入猪油、全蛋液、砂糖、清水，搓至糖溶化。

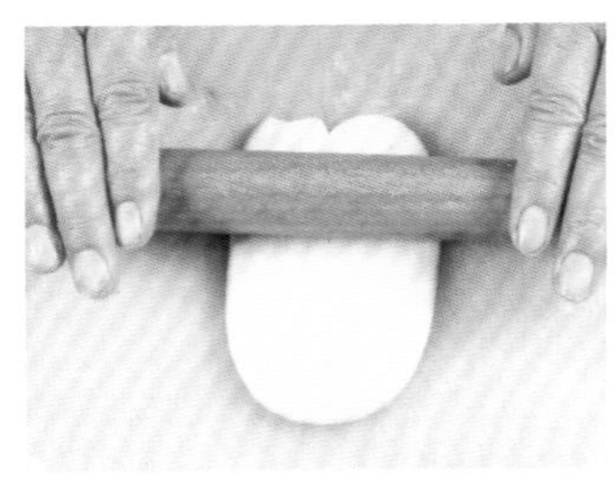

❸将面粉拌入中间，搓至面团纯滑，用保鲜膜包好，松弛30分钟。

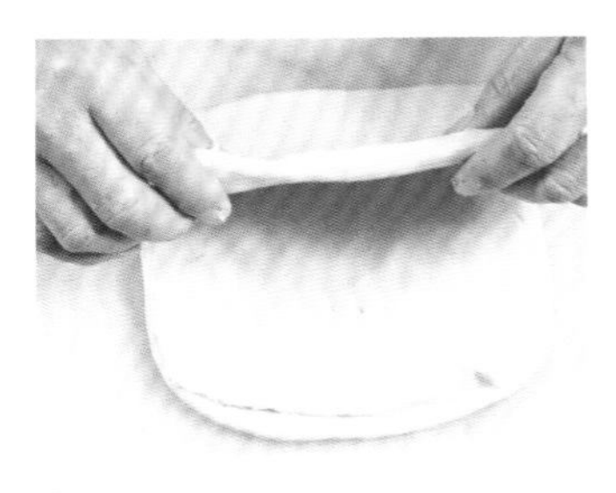

❹将水皮压薄，包入油心。

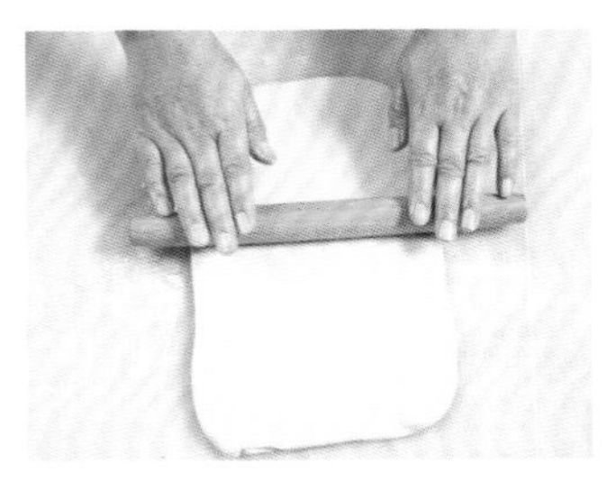

❺然后擀成长方形，再对折成三层，稍作醒发后，重复压薄折叠，共折三次。

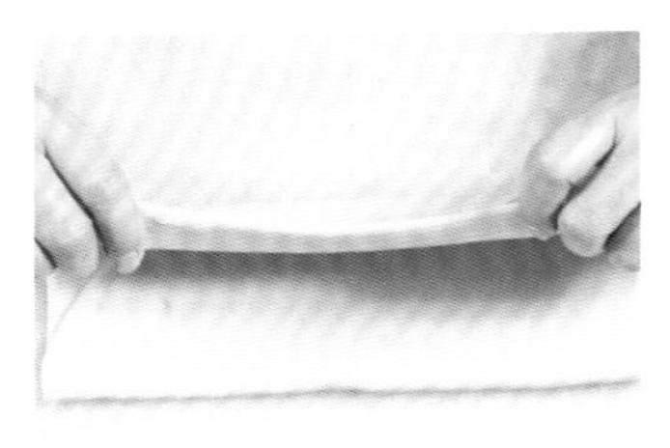

❻完成后再折叠成方块状，静置1小时。

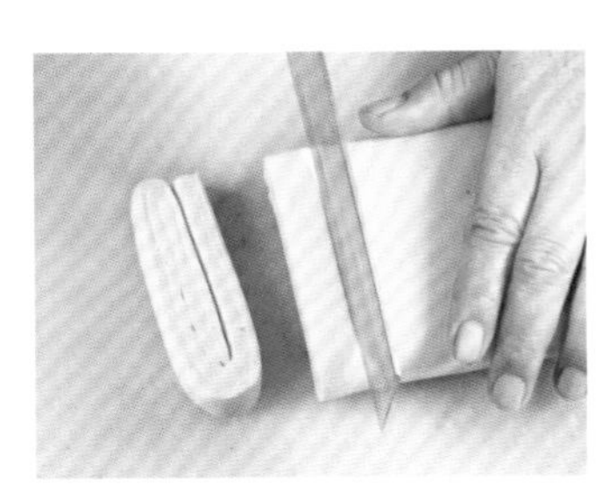

❼将酥皮切成片状。

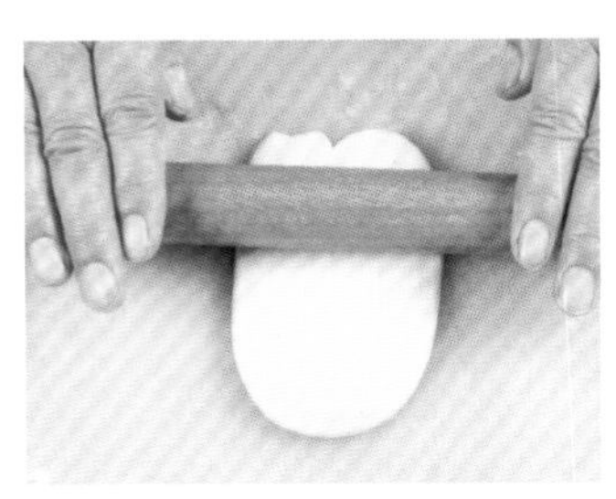

❽用擀面杖压薄备用。

❾木瓜削皮取肉切粒，与鲜奶油拌匀成馅料。

❿然后把馅料加入酥皮中，包起成型。

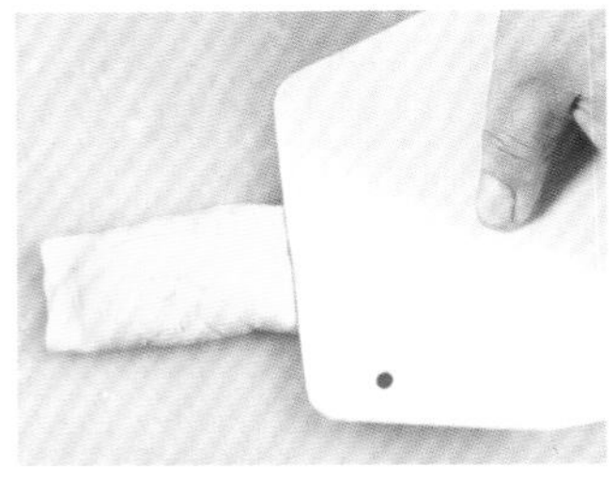

⓫在两头用刮板压紧。

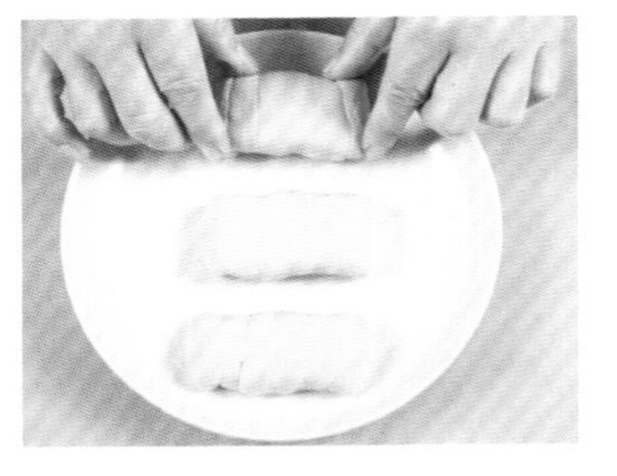

⓬入炉以上火180℃、下火140℃烤约30分钟，熟透后出炉即可。

皮蛋酥

材料

水皮：中筋面粉 250 克，清水 100 毫升，猪油 70 克，砂糖 40 克，全蛋液 50 克

油心：猪油 65 克，低筋面粉 130 克

馅：莲蓉、苏姜碎、皮蛋粒各适量，蛋黄液、芝麻各 50 克

做法

1. 水皮部分的所有材料混合拌匀，搓成纯滑面团，用保鲜膜包好，松弛备用。
2. 油心部分的所有材料混合拌匀，备用。
3. 将水皮和油心按3:2的比例切成小面团，用水皮包入油心。
4. 擀开再卷成条状，折成三层，擀成圆薄酥皮。
5. 莲蓉加入少量苏姜碎拌匀，分切成小块。
6. 用薄圆酥皮将莲蓉、苏姜碎包入，再在中间加入皮蛋粒。
7. 将收口捏紧，压成鹅蛋形。
8. 扫上蛋黄液，再撒上芝麻，入炉后以上火180℃、下火150℃烘烤成金黄色即可。

制作指导

油皮和水皮的软硬度要相当，擀开面团时力度要均匀。

三角酥

材料

水皮：面粉 500 克，砂糖 50 克，猪油 25 克，清水适量，全蛋液 50 克

油心：白牛油 400 克，猪油 500 克，面粉 400 克

其他：莲蓉适量，全蛋液适量

做法

❶ 油心部分的所有材料混合，拌均匀，搓透备用。

❷ 将水皮部分的面粉开窝，加入砂糖、全蛋液、猪油、清水，搓至面团纯滑。

❸ 用保鲜膜包好面团，松弛30分钟左右。

❹ 将水皮擀开，包入油心。

❺ 擀薄成长圆形，折叠成三层，松弛后反复折叠，共三次，每次擀完后要松弛1小时。

❻ 静置1小时后，用再擀面杖将皮擀薄。

❼ 用方形切模压出酥坯。

❽ 用酥坯包入馅料，折成三角形，扫上全蛋液，入炉以上火180℃、下火160℃烘烤至金黄色即可。

制作指导

包的时候注意接缝口一定要合严，不要露馅。

八爪角酥

材料

水皮：普通面粉 500 克，猪油 25 克，清水 150 毫升，砂糖 50 克

油心：白牛油 400 克，普通面粉 400 克，猪油 500 克

馅：莲蓉馅适量

制作指导

用植物油炸时要先熬再炸，否则会有生油味而影响中点口感。炸制的时候要控制好油温及时间，根据实际情况决定出锅的时机，呈浅金黄色时最好。

做法

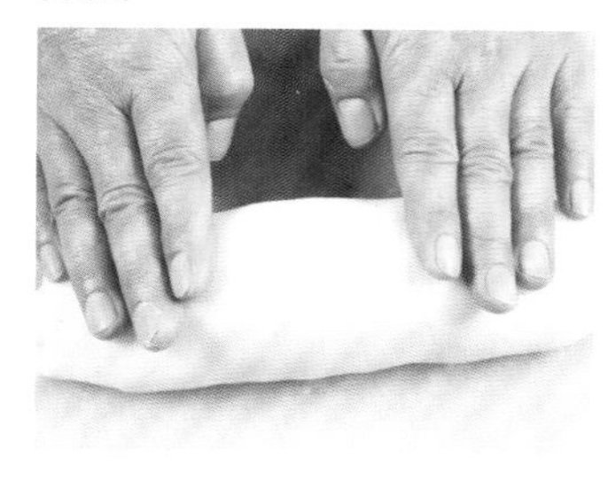

❶油心部分的所有材料混合拌匀，搓至纯滑后备用。

❷水皮部分的面粉开窝，加入猪油、砂糖、清水，搓至糖溶化。

❸然后将面粉拌入中间。

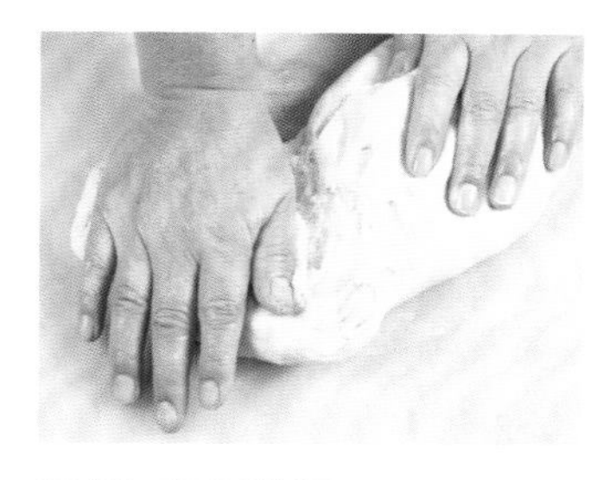

❹搓至面团纯滑。

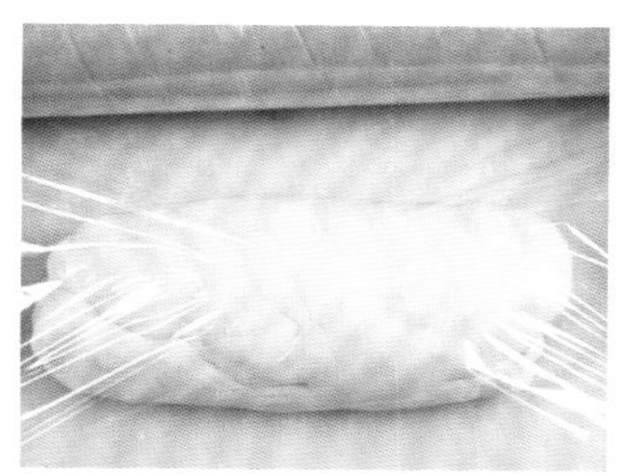

❺再用保鲜膜包好，松弛约30分钟。

❻将松弛后的面团擀薄，包入油心，再擀成长方形酥皮。

❼卷起成长圆条状，松弛约30分钟。

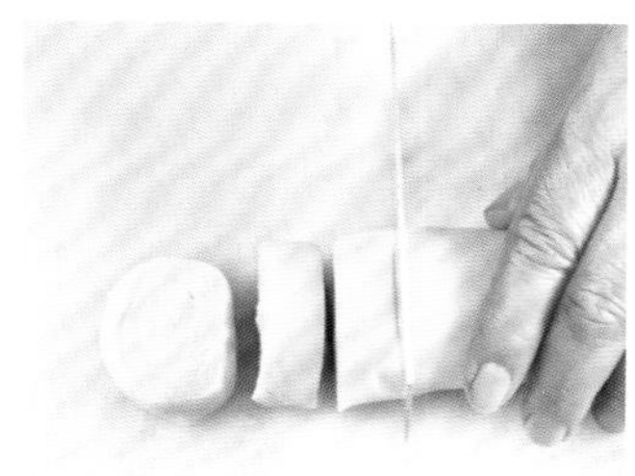

❽用刀切成片状酥皮。

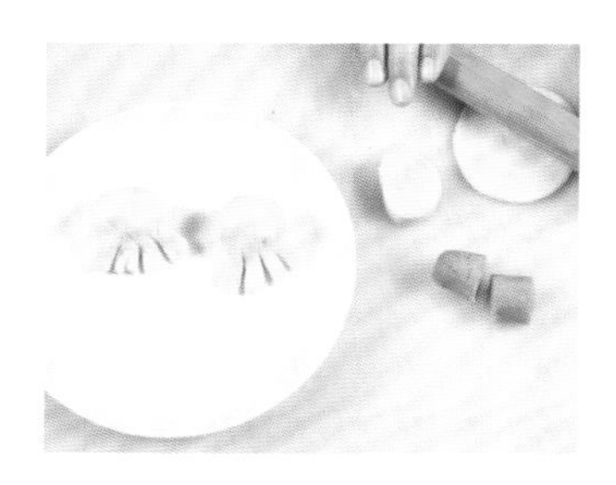

❾再将酥皮擀薄。

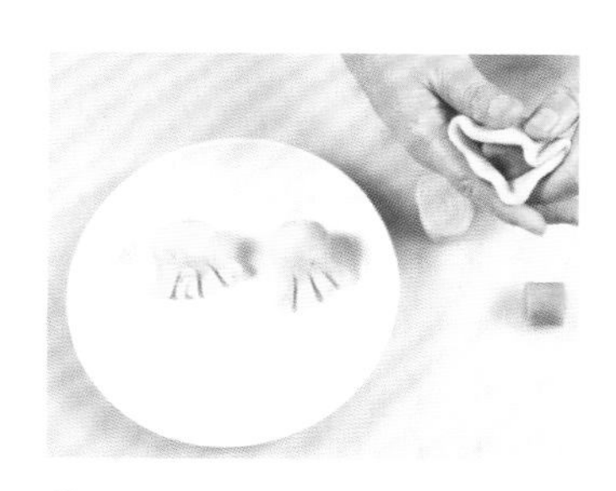

❿然后包入莲蓉馅成型。

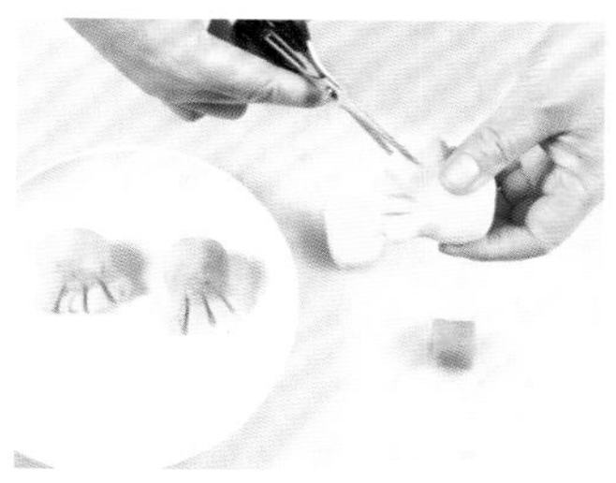

⓫用剪刀剪成章鱼须，然后稍松弛。

⓬以150℃的油温炸至金黄色即可。

豆沙窝饼

材料

水皮：面粉 500 克，全蛋液、砂糖各 50 克，猪油 25 克，清水适量

油心：白牛油 400 克，猪油 500 克，面粉 400 克

其他：圆粒豆沙适量，芝麻适量

做法

1. 将油心部分的所有材料混合拌匀，搓至面团纯滑备用。
2. 水皮部分的所有材料混合，搓至面团纯滑，用保鲜膜包好，稍作松弛。
3. 将面团擀薄，包入油心。
4. 用擀面杖擀成长方形，再两头对叠，稍松弛后擀薄再折叠成三层，重复折三次备用。
5. 将酥皮擀至约4毫米的厚度，然后卷起成长条状。
6. 稍作静置后，切成薄酥坯。
7. 然后擀开成薄片，包入豆沙馅料，将收口捏紧。
8. 再粘上芝麻，用150℃的油温炸至浅金黄色即可。

制作指导

炸窝饼时要控制好油温，最好不要超过200℃。